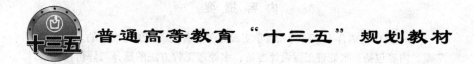

普通高等教育"十三五"规划教材

水处理工程设计指南及案例

郭亚丹　王学刚　李　鹏　陈井影　王光辉　编

北　京
冶金工业出版社
2018

内 容 提 要

本书是作者结合多年科研和教学实践并参考有关资料编写而成的。全书共7章，内容包括：水处理工程设计准备；水处理工程方法的选择与评价；城市污水处理厂设计；自来水厂工程设计；生产废水处理设施设计；工程概算的编制；案例。本书内容翔实，理论联系实际。

本书可作为高等院校给水排水工程、环境工程专业本科生教学用书，也可供从事环境工程设计、市政工程设计等技术和科研人员以及管理人员参考。

图书在版编目（CIP）数据

水处理工程设计指南及案例/郭亚丹等编 . —北京：冶金工业出版社，2017.4 （2018.8 重印）

普通高等教育"十三五"规划教材

ISBN 978-7-5024-7430-0

Ⅰ.①水⋯ Ⅱ.①郭⋯ Ⅲ.①水处理—高等学校—教材 Ⅳ.①TU991.2

中国版本图书馆 CIP 数据核字（2017）第 016175 号

出 版 人 谭学余
地 址 北京市东城区嵩祝院北巷 39 号 邮编 100009 电话 （010）64027926
网 址 www.cnmip.com.cn 电子信箱 yjcbs@ cnmip.com.cn
责任编辑 卢 敏 美术编辑 吕欣童 版式设计 彭子赫
责任校对 王永欣 责任印制 李玉山
ISBN 978-7-5024-7430-0
冶金工业出版社出版发行；各地新华书店经销；固安县京平诚乾印刷有限公司印刷
2017 年 4 月第 1 版，2018 年 8 月第 2 次印刷
787mm×1092mm 1/16；11.5 印张；276 千字；174 页
32.00 元

冶金工业出版社 投稿电话 （010）64027932 投稿信箱 tougao@cnmip.com.cn
冶金工业出版社营销中心 电话 （010）64044283 传真 （010）64027893
冶金书店 地址 北京市东四西大街 46 号（100010） 电话 （010）65289081（兼传真）
冶金工业出版社天猫旗舰店 yjgycbs.tmall.com
（本书如有印装质量问题，本社营销中心负责退换）

前　　言

　　水资源是现代经济可持续发展的基本保证。近年来我国工业化推进速度较快，污水的随意排放或处理不彻底的排放，给水资源环境带来了较为严重的污染问题，同时对人体健康和生态安全形成了威胁。近年来国内外水处理工程设计从理论到应用都有了很大的进展。水处理工程设计的目标其实是非常明确的，就是针对不同类型的废水的水质，选用经济、高效的水处理技术手段，得出工艺设计图纸供施工使用，最终改善水环境质量或实现废水的资源化利用。本书按照废水类型进行分类，结合各行业废水的特点，给出了各种水处理工艺及其案例，既有理论上的系统论述，又有实际应用价值。

　　本书是在参考国内外有关资料并结合多年科研和教学实践的基础上编写而成的。全书共分7章，内容包括：水处理工程设计准备；水处理工程方法的选择与评价；城市污水处理厂设计；自来水厂工程设计；生产废水处理设施设计；工程概算的编制；案例。本书具有简明、方便和实用的特点，可供从事环境工程设计、市政工程设计等技术人员、科研人员以及管理人员参考，也可作为高等院校给水排水工程、环境工程等专业的本科生实践教学用书。

　　本书第7章由郭亚丹编写，第1章、第2章由王学刚编写，第3章由李鹏编写，第4章、第5章由陈井影编写，第6章由王光辉编写。全书由郭亚丹负责统稿。

　　在本书编写过程中，得到了东华理工大学环境工程专业老师的大力支持和帮助，同时参阅了有关专家学者的相关文献资料。李文娟、王东亮、郭怡秦、黄正根等参与了文字编辑工作。本书得到了江西省"水处理工程精品课程"、"水处理工程精品资源共享课程"、"环境工程特色专业"和"环境工程专业综合改革试点专业"等质量工程建设项目的资助。在此一并表示衷心的感谢。

　　由于编者水平有限，书中不妥之处，敬请读者批评指正。

作　者

2016 年 9 月 30 日

目　　录

第一章　水处理工程设计准备

第一节　设计前期工作

设计前期工作包括预可行性研究（项目建议书）和可行性研究（设计任务书）。设计前期工作非常重要，它比设计本身复杂得多，不仅要求设计人员有很宽的知识面，而且要求具有丰富的实际经验和公共关系的知识及能力。

一、预可行性研究

我国规定，比较大（投资在3000万元以上）的工程项目，需进行预可行性研究，作为建设单位（亦称甲方，英美国家称为业主、俄罗斯称为甲方）向上级机关申报"项目建议书"的技术附件，预可行性研究报告需经专家评审，并将评审意见附在报告书后面送上级机关审批，我国的审批机关属科学委员会系统。经审批以后就可以"立项"，然后才能进行可行性研究和其他正式设计工作。

二、可行性研究

可行性研究报告往往可以代替设计任务书，其经济性很强，它是国家控制投资的重要决策依据。可行性研究报告批准以后，甲方就可以委托设计单位进行设计。但是，从1989年初开始，国家和省市建委成立了设计招标办公室，对大型项目要求进行招标，增强竞争性，使设计搞得更好，以便从中选择最优设计。由甲方准备好设计标书（英美国家设计标书详细程度介于初步设计和施工图之间），发给（或售给）各有设计执照的单位（至少3个），让设计单位编写设计方案（可行性研究可以作为设计方案）。建委制定了一套评审办法，对各设计方案进行评选。中标（被选）后就可以进入初步设计。

三、关于引进设备和利用外资问题

在污水处理厂工程中，有时需引进国外设备和利用国外资金。

引进设备一般指用自由外汇向国际市场购买所需设备。这种引进一般比较简单，只要有自由外汇即可，在引进前可以向任何国家的厂商寄发"询价书"。这种询价书发给多家厂商，让他们报价后，可以择优选购。但这种引进往往受国家或省市进出口公司控制，由他们代理进出口业务，询价书也由他们代发。虽然引进设备比贷款简单，但由于我国自由外汇有限，所以，我国在污水处理方面利用贷款较普遍。

国外贷款一般通过政府间谈判获得。这种贷款都是附带条件的。例如，某国同意贷款5亿美元给我国，其条件是：全部购买他的设备；归还期20～30年；年利率2%～4%。

目前，我国获得的国外贷款一般有3个来源，即日本、欧洲和北美。日本贷款的条件比较优惠，即利率比较低，不要求一定买日本货，但日本的污水处理设备质量差。欧洲贷款的条件较苛刻，一般要求绝大部分贷款需购买他的设备（5%可以买第三国的设备）。他们设备的价格非常高（性能相似设备的价格比国内高 4~10 倍），但欧洲设备质量高、技术先进。特别是联邦德国及其影响的国家（奥地利、丹麦等）。美国贷款条件介于欧洲和日本之间，贷款的 40% 可以购买第三国产品。

四、可行性研究的主要内容

可行性研究是一门运用多种科学成果保证实现工程建设最佳社会、经济和环境效益的综合性科学，它对与工程有关的所有方面进行调查研究和综合论证，为拟建项目提供科学依据，从而保证所建项目技术上先进，经济上合理有利，社会及环境效果皆优。其主要内容包括：

(1) 项目的背景和历史；

(2) 工程规模；

(3) 污水收集系统；

(4) 厂址选择；

(5) 多技术方案比较及推荐方案；

(6) 管理机构及人员配备；

(7) 工程费用估算；

(8) 项目实施时间安排；

(9) 项目的经济及环境评价。

第二节　设计内容

一、现场调研

资料的收集分析是可行性研究阶段的工作重点之一，但现场调研同样是不可或缺的。资料的收集分析是现场调研的基础，而现场调研可以印证收集到的资料，通过现场踏勘，可以增加对城市和工程现场的直观了解，掌握一些文字资料上反映出来的问题。通常，对于污水处理厂工程（包括厂外配套收集管网），需要沿拟铺设管道的道路进行现场踏勘，印证现状管线资料、了解是否有铺管条件、对交通的影响等等；需要到拟建厂址进行现场踏勘，了解厂址现状和周边情况。有时，可以对当地城市污水进行采样分析，以指导工程设计。对于重大工程，还需要进行一系列的试验，以选取合适的处理工艺。

二、方案比选

在资料收集分析和现场调研过程中，污水处理厂的近远期规模、厂外管网的走向、厂址受纳水体、排放标准等已经初步得到解决。接下来，就是选择处理工艺。由于推荐工艺方案直接影响到投资、运行维护费用、操作管理是否简单可靠，所以，需要进行多方案比选，选择最适合该工程的处理工艺。影响处理工艺选择的因素很多，通常有以下几点：

(1) 污水水质。污水水质是设计污水处理厂的基本资料，可以参照类似城市水质资料进行估算，也可以通过实测资料进行验证。依据污水水质以及排放标准，选择处理工艺。例如，对于同时需要除碳和脱氮除磷时，首先，需要对进水的可生化性进行分析，BOD/COD 值评价污水的可生化性是广泛采用的一种最为简易的方法。一般情况下，BOD/COD 值越大，说明污水可生物处理性越好。通常认为，BOD/COD > 0.45，表明污水可生化性好，在 0.3 ~ 0.45 之间，可生化性较好，在 0.2 ~ 0.3 之间，较难生化处理，小于 0.2，不宜采用生化处理；其次，分析生物脱氮的可能性。通常，BOD_5/TN 是鉴别能否采用生物脱氮的主要指标，由于反硝化细菌是在分解有机物的过程中进行反硝化脱氮的，所以，污水中必须有足够的有机物（碳源），才能保证反硝化的顺利进行。一般认为，$BOD_5/TN > 3 ~ 5$，即可认为污水有足够的碳源供反硝化菌利用。再次，分析生物除磷的可能性。BOD_5/TP 是鉴别能否采用生物除磷的主要指标，一般认为，较高的 BOD_5 负荷可以取得较好的除磷效果，进行生物除磷的低限是 $BOD_5/TP = 20$，有机基质不同对除磷也有影响。一般低分子易降解的有机物诱导磷释放的能力较强，高分子难降解的有机物诱导磷释放的能力较弱，而磷释放得越充分，其摄取量也就越大。通常情况下，生物除磷的极限为 75% ~ 80%，如果出水磷的要求比较高，单纯依靠生物除磷满足不了出水水质要求，此时需要辅助以化学除磷手段，以确保出水水质达标排放。

（2）排放标准。依据排放标准来确定处理程度。上文已经提到，排放标准通常经过环境影响评价之后，由环保部门提供。但是在很多情况下，环评与科研是同步进行的，此时可以参照受纳水体的功能要求和分类，暂定处理水排放标准，待环评批复之后，再作调整。需要引起注意的是，我国某些地区根据本地区的实际情况，制定了地方性的排放标准。一般来说，地方性的排放标准要严于国家标准。也就是说，对于同样的水体功能和分类，地方标准要求的出水指标要高于国家标准时，应执行两种标准中较严格的指标。根据排放标准，可以相应地在一级处理工艺（包括一级加强）或二级处理工艺中进行比选。

（3）用地条件。用地条件是方案选择的一个限制条件，如果地价比较便宜，用地不受限制，则可供选择的工艺方案范围也就比较广。如果地价较高，用地范围限制得比较小，则需要从紧凑型污水处理工艺中进行比选。可以加深水池深度减少占地面积，甚至采用两层水池，以满足用地限制条件。另外，也可以采用合建式一体化布置。

（4）当地运行管理水平、经验及业主意见。需要和拟建污水处理厂的运行管理部门多交流意见，了解其污水处理厂的管理经验和管理水平。设计行业作为服务性行业，设计人员应该时刻想着如何服务好业主，要多征求业主的意见。

（5）方案比选及方案设计。可行性研究阶段要进行多方案比选。这些方案要有可比性，不是仅仅作为陪衬。在严格的方案比选后，根据工程投资、运行维护费用、运行的可靠性、劳动强度、占地面积、业主管理经验等综合考虑后，提出推荐工艺方案，随后进行推荐方案的工程设计。

（6）污泥处理方案。在推荐污水处理工艺方案的同时，需要提出污泥处理方案。污泥处理方案的推荐，需要同污水处理方案结合考虑，有时需要在厂内考虑污泥稳定措施。对于比较大型的污水处理厂，由于产泥量比较大，污泥中温消化是不错的选择。一方面，污泥经过消化，减少了污泥中的有机物含量和污泥的体积；另一方面，大量杀灭污泥中的病原体。此外，产生的沼气还可以综合利用，体现了污泥处理减量化、无害化和资源化的原则。近几年，污泥用于制肥的事例越来越多。但是，污泥制肥并不仅仅是技术问题，还需要考虑市场问题。污泥肥料作为一种商品，有多大的市场，人们对污泥肥料是否接受，与其他肥料的竞争，污泥肥料的季节性销售问题以及肥料的储存，均需慎重考虑。

三、推荐方案工程设计要点

推荐工程方案设计时，在总图布置、高程设计和单体构筑物设计时，需要注意：

（1）总图布置分区合理、功能明确，厂前区、污水处理区、污泥处理区条块分割清楚。沿流程方向依次布置处理构筑物，水流通畅。厂前区布置在上风向，并用绿化隔离带与生产区分隔开来，以尽量减少对厂前区的影响，改善厂前区的工作条件。

（2）构筑物的布置应为厂区工艺管线和其他管线的铺设留有余地，一般情况下，构筑物外墙距道路边线距离不宜小于6m。

（3）厂区设计地坪标高尽量考虑土方平衡，以减少工程造价，同时满足防洪排涝要求，厂区设计地坪标高一般需高出周围地面标高50cm以上。

（4）水力高程设计一般考虑进水一次提升，借重力依次流经各处理构筑物。配水管渠的设计需优化，以尽量减少水头损失，节约运行费用。但是，水力高程设计中需考虑施工质量、构筑物不均匀沉降、管渠老化等因素，避免建成后产生水流不畅等问题。

（5）对于生物除磷工艺，由于生物除磷是依靠摄磷菌过量摄取污水中的磷，生物除磷的实质是磷由污水中转移至污泥中，以剩余污泥的形式排出系统外。设计中应避免磷再次释放出来，一般不主张采用。

第三节　初步设计的依据和原则

一、基础数据可靠

认真研究基础资料、基本数据，全面分析各项影响因素，充分掌握水质特点和地域特性，合理选择好设计参数，为工程设计提供可靠的依据。

二、针对水质特点

选择技术先进、运行稳定、投资和处理成本合理的处理工艺，积极慎重的采用经过实践证明行之有效的新技术、新工艺、新材料和新设备，使处理工艺先进，运行可靠，处理后水质稳定的达标排放。

三、避免二次污染

尽量避免或减少对环境的负面影响，妥善处置处理渗滤液工程中产生的栅渣、污泥、臭气等，避免对环境的二次污染。

四、运行管理方便

建筑构筑物布置合理，处理过程中的自动控制，力求安全可靠、经济适用，以提高管理水平，降低劳动强度和运行费用。严格执行国家环境保护有关规定，使处理后的水能够达标排放。

第二章 水处理工程方法的选择与评价

在水处理课上已经介绍了各种类型的废水处理单元或方法，这些单元或方法对处理废水中所含的某些污染物是有效的。但是，对于废水处理，首先要弄清它所含有的污染物的性质与数量，并考虑其可处理性，在此基础上选择最佳处理方法与流程。

第一节 影响废水处理方法、流程的各种因素

影响废水处理方法、流程的主要因素是：原废水的特性、其可处理性；处理目标，要求出水的水质标准；基建投资费用；运行维护费用；能耗、物耗、能否回收有用物料，是否会产生二次污染；流程的稳定性等。此外，气候条件、场址可用地等因素也有影响。因此，必须综合考虑以上因素，结合当地情况、条件，因地制宜地选择废水的处理方法及其工艺组合与流程，使之达到既定的水质目标，而且在技术上可行，经济上适宜，具有明显良好的环境效益、经济效益和社会效益。

一、废水的性质

根据废水中污染物类型选择处理方法（单元操作及其组合即流程），表2-1为废水中污染物及其处理方法的选择。

表2-1 废水中污染物及其处理方法的选择

污水中的污染物	处理方法（单元操作或其组合）的选择
悬浮物	格栅、磨碎、筛滤、沉淀、气浮、离心分离、混凝沉淀（如加混凝剂、聚合电解质等药剂）
可生物降解有机污染物	活性污泥法（悬浮生长型生物处理系统）、生物膜法、稳定塘处理系统、土地处理系统
难降解有机污染物	物理-化学处理系统：活性炭吸附、臭氧氧化或其他强氧化剂氧化；土地处理系统
病原体	消毒处理：加氯、臭氧、二氧化碳、紫外线、加溴或碘、辐射以及超声波-紫外线－臭氧复合消毒；土地处理系统
植物营养素 氮 磷	生物硝化与脱氮、氮吹脱解析、离子交换法、土地处理系统 投加药剂：铝盐、铁盐、石灰或复合盐、生物－化学法除磷、A/A/O生物法除磷脱氮、土地处理系统
重金属	化学混凝沉淀或浮除法、离子浮除、离子交换法、电渗析、反渗透、活性炭吸附、铁氧化法
溶解性无机固体	离子交换法、反渗透、活性炭吸附、铁氧化法
油	隔油、气浮、混凝过滤、粗粒化、过滤、电解-絮凝、浮除
热	冷却池、冷却塔
酸、碱	中和、渗析分离、热力法回收
放射性污染	化学混凝沉淀、离子交换、蒸发、储存等

若要正确地选择适用的处理方法需要对废水中的成分做详尽分析与测定。以废水中的有机物为例，它可分为不同的组分，其可处理性也各不相同，如图 2-1 所示。

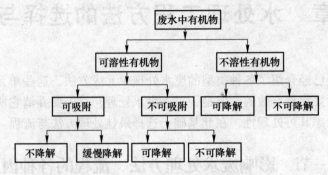

图 2-1　废水中的有机成分及其可处理性

此外，有机污染物的可处理性，还可包含以下特性：

（1）可吹脱性。即在常温高压（或减压）或升温减压等条件下对低沸点、易吹脱的有机污染物进行吹脱回收或处理，以避免污染大气或燃烧爆炸。

（2）可化学氧化性。即在强化学氧化剂（如臭氧剂等）作用下对有机污染物进行氧化分解。

（3）可吸附性。即在恒温条件下测定单位重量活性炭吸附量或通过一系列定量的活性炭来吸附恒定体积的有机污染物，以求得其吸附等温线，并判断该污染物的可吸附性。

（4）生物毒性。把有机污染物引入生物系统，促使生物进行生化反应的过程，即是对生物的繁殖生长、细胞分裂、呼吸速度与特性、代谢速度与特性等方面表现出的影响与作用，其反应程度取决于污染物的结构、理化性质和生物对其的适应能力、降解能力等。

（5）生物降解性。由于微生物的作用，更确切地由于其酶系统的作用而产生的对有机污染物的分解，同时消耗了水中的溶解氧，其过程可用微生物呼吸特性曲线来表示。除测定其好氧生物降解性外，近年来还发展测定其厌氧生物降解性。

（6）可燃烧性和爆炸性。有机污染物在热和火焰的作用下表现出的若干特性，如热值（MJ）、闪点、爆炸极限等。有机污染物在不同温度、压力下会产生各种热力学方面的现象。

当含有机物的废水拟选用生物法处理时可遵照如图 2-2 所示程序。

二、处理的目标

处理的目标对选择处理方法是十分重要的。根据废水排放的去向、国家或地方各类废水的排放标准，确定废水应去除的主要污染物，以及其处理的程度，而后选择能达到该目标的处理方法，如单元操作及流程等。例如，生物法处理系统的主要目标是去除可生物降解的有机物，使出水达到排放标准规定的浓度。对于难生物降解的有机物的去除，有时生物法无能为力，要选用化学法、物化法或与生物法相结合的流程。对于不能降解的污染物只有采取物理法或化学法处理。

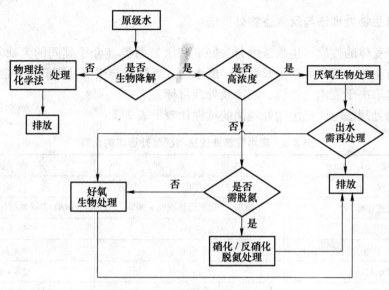

图 2-2　选择生物法处理的程序

第二节　废水处理方法的选择标准

确定了废水的特性和处理目标后，就可进行方法或单元操作及流程的筛选和选择，选择的标准简要介绍如下。

一、物理法、化学法与生物法处理

（1）物理法。主要利用物理作用来分离或回收废水中的悬浮物。它既可用于废水的预处理或初步处理，也可用于一级处理，但在二级处理及三级处理或深度处理中，只是为了配合其他主要处理单元。

（2）化学法。主要利用化学反应的作用来处理或回收废水中的溶解物或胶体物。如酸碱中和，某些有用物质的萃取、有害溶解气体的吹脱等。化学法既可单独使用，也可用于二级处理或三级处理（深度处理）。

（3）生物法。是利用微生物的作用处理废水的方法。有机物通过生物法处理最后转化为 CO_2 与无机盐类，但它不能回收废水中有用物质。它可用来进行二级处理或三级处理（脱氮除磷）。

以上各种处理方法都有它的特点和适用条件。一般来说，化学法往往消耗的物料（如药剂）及能耗（燃料、电能）比其他两类方法要大，有时大很多，有时污泥产生量也大，所以运行费用较贵。但是，处理设备较简单，占地面积较小，也可以连续运行。有的废水采用化学处理后能回收一些副产品，补偿较高的支付费用，其优点就比较突出。

生物法处理废水具有净化能力强，费用低廉，支付可靠性好等优点，是废水处理的主要方法。对于某种污染物若化学法与生物法都能净化时，一般选用生物法为宜。

二、好氧生物处理法与厌氧生物处理法

根据电子受体的性质，生物法可分为好氧和厌氧两类（介于其间的为缺氧），这两类又可分为固着生长系统与悬浮生长系统。废水的好氧处理与厌氧处理既可单独使用，亦可组合使用，这取决于废水的性质、浓度及处理目标。

好氧生物处理法与厌氧生物处理法的特性比较见表 2-2。

表 2-2　废水好氧处理法与厌氧处理法的比较

比 较 因 素	厌 氧 处 理	好 氧 处 理
能源要求	低	高
处理程度	BOD_5 去除率可达 60%~90%	BOD_5 去除率可达 90%~95%
污泥产生量	少	多
过程的稳定性（对毒物和负荷变化）	低至中等	中至高等
启动时间	2~4 个月	2~4 周
对营养物的要求	低	对某些工业废水较高
臭气	可能有臭气问题	较少
对碱度的要求	对某些工业废水要求高	低
沼气产生	有	无

厌氧处理法的局限性在于它的净化出水的水质不能达到很高的水平（如 BOD_5 20~30mg/L，去除率最高达 90%~95%）。但它作为高浓度有机废水在好氧处理前的预处理是经济有效的。厌氧处理法能耗省，且可回收沼气补偿处理过程的能耗，因此，引起目前科技界的瞩目。通过对两种方法的费用比较，一般认为进水 BOD_5 1000mg/L 为其交叉点，即认为 $BOD_5 \leqslant 1000$mg/L，采用好氧法在费用上是适宜的，而 $BOD_5 \geqslant 1000$mg/L 时，采用厌氧法较适宜。但是，国内外一些学者还在进行低 BOD_5 废水采用厌氧法处理的可行性探索，并且已有一些科研成果产出，如北京市环境保护科学研究院推出酸化池（水解池）作为低浓度城市废水的预处理单元操作，获得成功。它既可免除初次沉淀池，使污泥量减少，又可使一些难生物降解物转化为较易生物降解的物质，提高后续好氧处理的净化能力和效果。荷兰亦将酸化（水解）与污泥消化串接成复合流程，有成功的希望。总之，厌氧处理应用到低浓度废水是当前水处理研究的热点之一。

三、天然净化与人工净化

目前，世界上普遍推广废水的二级生物处理以控制水污染，改善水质，这需要大量的基本建设投资与运行维护费用。实践表明，即使全部采用二级生物处理，也未必能解决水体的污染问题，如富营养化问题日益严重。因此，国外有些国家为消除大量生活污水和工业废水对受纳水体的污染，维护其良好水质，提出三级处理的要求。但是，废水三级处理设施，其基建投资和运行维护费用比二级处理设施普遍高 3 倍。而且要消耗大量的能耗与物耗，并产生一些二次污染，整体上得不偿失。在这种情况下，开发、开展了既能改善水质，又经济、节能、节省物耗的有效处理技术，即所谓革新和代用技术（Innovative and Alternative Technology），即简称 IA 技术。这种 IA 技术包括废水土地处理、稳定塘处理、

废水养殖、污泥回收用于农田等。美国对采用此类技术优先给予补助。我国在水污染防治技术政策（1968 年）也做出明文规定，优先采用天然净化技术。国家在"六五"、"七五"及"八五"科技攻关项目均列有这方面的课题，并在选用不同处理方法、流程时，若当地条件许可，应尽量优先考虑采用天然净化系统。这既符合国情，也符合世界潮流，是一种保护生态环境的明智之举。

天然处理技术具有许多明显的优点：

（1）它们是一些生态工程，符合当前"绿化地球"、"恢复环境生态"的目的。在系统内，藻类、微生物、浮游动物、底栖动物、水生植物和农作物、水生动物等的多层次多功能的代谢过程（生物的、物理的、化学的），使废水中的污染物进行多级转换、利用和去除。从而实现了废水的无害化、资源化和再利用。

（2）有利于创造优美环境，使环境舒适，增添秀色，为人类增添佳境胜地。

（3）基建投资费约为传统二级处理的 1/3 ~ 1/2。

（4）运行管理费低廉，约为传统二级处理的 1/3 ~ 1/5。

（5）能耗省，相当于传统二级处理的 1/3 ~ 1/5。

（6）出水水质好，一般能达到一级处理水平，如 SS、$BOD_5 \leqslant 30mg/L$，且有些过程的出水优于二级水平，相当于二级甚至三级水平，如慢速渗滤、渗滤、湿地等。

（7）物耗省，不需人为地投加药剂。

（8）能回收利用水资源，产出鱼、牧草、农作物，可以喂养鸡、鸭、牛、羊等，可用来发展生态农场，经济效益显著。

（9）天然处理系统作用机制复杂、功能多层次，因此，能去除一些一般二级处理难以降解的化合物，使出水清澈透明。

（10）能消除污染的排放、污染物基本上能在系统内部转化、去除，不排入外环境。

（11）系统稳定性好，当组成塘——土地处理复合系统后，能解决系统的终年运行问题。

（12）不需要好地，只需要废地、坑洼塘池即可利用，并可将它们改造成好地肥田。

当然，天然处理系统也有其局限性。它受气候因素的制约，且所需土地面积较大，对于人口密集、土地紧缺，或气候恶劣地区，它的使用就会受到限制。

由于我国当前全面推广传统二级处理，而财政能力尚嫌不足，因此，在选择废水处理方法、流程时，更应考虑天然净化系统。

第三节　废水处理方法和流程的综合评价

以上阐述了废水处理方法、流程的选择。但是，所选用的方法、流程是否是最佳方案，有待对它进行全面地综合评价。虽然当前新的废水处理技术不断涌现，工艺不断完善，但是由于废水的多样性和复杂性以及在实际应用上不尽完美，而且每种技术都有其特点，适用条件和存在问题。因此，如果根据当地的实际情况，根据需要处理废水的特性及处理目标，选择其经济效益上统一的最佳技术方案，则需对多种处理方法、流程进行综合评价，通过评价、比较和论证，确定出最佳方案。

国外从 20 世纪 70 年代就开始对废水处理技术的评价问题进行探讨、研究，他们探讨各种处理方法的优缺点、经济效益、二次污染、能源消耗、资源消耗以及对环境和人体健康的影响问题等。美国曾对城市废水的 11 种处理方法以及 12 种污泥处理方法进行了评价，目前这项工作仍在深入而系统地进行中。

我国在过去几年内曾对数千套废水处理装置进行调研、评价，发现了不少问题。如今国务院环委会及国家环境保护局在注重发展我国环保产业的同时，特别强调了对最佳技术的评价，对其优秀者以国家指令方式进行推广、应用。这说明我国对废水处理技术的综合评价工作已开始重视并开展起来。

废水处理技术的综合评价，是研究分析各种废水处理技术的优缺点，如流程组合、处理效果、技术经济指标等，并分析其对环境和社会的影响，根据实际情况和条件，选择、推荐最优化的技术方案。

废水处理技术综合评价的内容见表 2-3。

表 2-3　废水处理方法、流程的综合评价

技术性能	经济效益	环境效益	二次污染（多介质污染）
1. 选用的处理方法	1. 污染损失费（处理前）： （1）直接损失费； （2）间接损失费		
2. 选用的处理流程			
3. 处理废水量			
4. 进水水质			
5. 处理后的水质	2. 处理费： （1）基建投资费； （2）运行维护费； （3）设备折旧费； （4）偿还期	处理前的环境与处理后的环境比较，可采用某些指数表示，分别表示为： 对人体健康的影响； 对水体水质的影响； 对周围环境的影响等； 评价（可采用指数评价法）	处理前与处理后的： 大气污染； 水污染； 固体废弃物（污泥）； 噪声污染； 电磁波污染；其他污染等； 新污染的产生、转化形态、迁移转化规律等评价
6. 诸水质指标的去除率			
7. 运行操作			
8. 占地面积			
9. 基本建设	3. 经济效益（用于对废水进行处理）： （1）直接效益（物料、回收、节水、水的回收、免交排污费、排污罚款、污染赔偿费等）； （2）间接效益（环境污染的降低、水质改善、人体危害之减轻、污染损失之降低）		
10. 设备加工			
11. 原料、药剂			
12. 二次污染			
13. 水的回用率			
14. 物料回收率			
15. 稳定可靠性			
16. 对工作人员要求			
17. 事故处理	其他评价		
18. 其他因素评价			

进行综合评价的程序包括以下若干步骤：

（1）基础准备工作。

1）收集废水来源、处评量、水质等资料；

2）通过改革工艺、采用无废少废技术，压缩排污之可能性；

3）了解当地环境现状，对废水处理的要求，预期的出水水质目标、废水处理效率等；

4）了解当地环境保护和市政部门对废水处理有关的法规、标准等；

5）了解当地的土地条件、资源和能源条件、财政经济条件及技术力量等。

（2）确定评价目标。确定拟选用的各种废水处理技术（单项技术或流程），组成方案。

（3）调查、收集综合评价所需的技术经济参数。

（4）对拟选用的各种废水处理技术进行详尽的分析（如优缺点、技术、经济、管理等）。

（5）建立数据体系（或数据库）及评价模型。

（6）进行分项评价，如：技术性能评价、经济效益评价、环境效益评价、能源消耗评价、资源消耗评价，可能产生为二次污染评价以及对人体健康的评价等。

（7）在分项评价基础上进行综合评价。

（8）选择与决策采用最优化的废水处理技术方案。

（9）专家论证、提交评价结论与报告。

在进行综合评价时，可将分项评价因素，如技术性能、经济效益、环境效益、能源消耗、资源消耗、可能产生的二次污染及健康影响等列为横项，而各类推荐的方案（如方案1，2，…，n）列为纵项，组成交互矩阵，并对不同因素视当地情况及实际需要赋予不同权重，可得出总的效益值矩阵，经过计算，其具有最大效益的方案即为最佳方案。

在实际应用过程中，有些因素往往难以定量化，或以货币形式表达，造成一些困难，而且有些参数在不同废水、不同地域相差迥异。因此，这种评价也不是绝对的，而是一种相对的评价。正确与否尚需要在实践中进行检验。

为了便于应用，特将废水和污泥的某些处理方法的能耗列于表2-4～表2-12，供参考使用。

表2-4　废水生物处理运行情况和能耗

项　　目	传统活性污泥法	纯氧活性污泥法	氧化沟或延时曝气法	生物滤池	生物转盘	活性生物滤池	曝气塘
1. 废水处理量/$m^3 \cdot d^{-1}$	38×10^3	38×10^3	38×10^3	38×10^3	38×10^3	38×10^3	38×10^3
2. SRT/d	4	4	25	—	—	—	10
3. BOD_5							
进水/$mg \cdot L^{-1}$	300	300	300	300	300	300	300
出水/$mg \cdot L^{-1}$	30	30	20	45～90	45～90	30	50～100
去除率/%	90	90	93	70～85	70～85	90	67～83
4. 剩余污泥/$kg \cdot d^{-1}$	3200	3200	450	3200	3200	3200	
5. 充氧效率/$kW \cdot h \cdot (kgO_2)^{-1}$	0.80～2.40	0.80～1.10	1.1～2.4	—	—	0.8～2.2	~6
6. 能耗							
（1）$kW \cdot h/kg$, 去除BOD_5	10.8～30.1	0.88～1.20	1.50～3.30	0.53～0.93	0.93～2.20	0.56～1.44	6.80～17.2
（2）MJ/kg, 去除BOD_5	10.8～30.1	11.5～15.1	18.9～41.5	6.7～11.7	11.7～27.5	7.0～18.0	85～216
典型使用场合	各种处理规格的深度处理	大规模的深度处理	小规模的深度处理	不完全处理或深度处理	不完全处理或深度处理		不完全处理或深度处理

表2-5　各种除磷法的能耗

各种除磷法	直接能耗 /kW·h·kg⁻¹除P	间接能耗		合　计		
		电耗/kW·h·kg⁻¹除P	燃料/MJ·kg⁻¹除P	电耗/kW·h·kg⁻¹除P	燃料/MJ·kg⁻¹除P	总计/MJ·kg⁻¹除P
化学法——投铝盐	2.0	—	55.59	2.0	55.69	80.8
化学法——投Ca(OH)₂	15.8	—	36.43	15.8	36.43	235.9
化学法——投Ca(OH)₂，再投其他含钙化合物	52.8		2.93	52.8	2.93	666.1
化学法——投FeCl₃	2.4	10.6	—	13.0		163.3
生物法——Phosnrip	2.6	—	61.13	2.6	61.13	93.8
生物法——A/O过程	1.3	—		1.3		16.3

注：废水含磷10mg/L，碱度6mg/L。

表2-6　各种脱氮方法的能耗

各种脱氮法	直接能耗 /kW·h·kg⁻¹除N	间接能耗		合　计		
		电耗/kW·h·kg⁻¹除N	燃料/MJ·kg⁻¹除N	电耗/kW·h·kg⁻¹除N	燃料/MJ·kg⁻¹除N	总计/MJ·kg⁻¹除N
单级硝化	6.8	—	16.75	6.8	16.75	102.2
两级硝化	9.0	—	16.75	9.0	16.75	129.8
悬浮污泥床法反硝化	2.6	—	12.14	2.6	12.14	44.8
生物膜法反硝化	1.1	—	12.14	1.1	12.14	26.0
气脱法（18~24℃）脱氮	15.8			15.8	—	222.3
气脱法（13℃）脱氮	30.8			30.8	—	428.3
选择性离子交换法脱氮	4.4	12.8	13480	17.2	13480	13700
折点加氯法脱氮	7.5	30.8	6.7	38.3	6.7	478.8

表2-7　脱氮除磷系统的能耗

处理系统	电能/kW·h·kg⁻¹		燃料/MJ·kg⁻¹	
	N	P	N	P
A/A/O	6.4	15.9	23.03	57.36
Bardenpho	10.6	26.4	38.10	95.09

表2-8　生物难降解有机物去除处理的能耗

处理方法	直接能耗 /kW·h·kg⁻¹除P	间接能耗		合　计		
		电耗/kW·h·kg⁻¹除P	燃料/MJ·kg⁻¹除P	电耗/kW·h·kg⁻¹除P	燃料/MJ·kg⁻¹除P	总计/MJ·kg⁻¹除P
粒状活性炭吸附	1.32	—	4.6	1.32	4.6	20.19
粒状活性炭再生	—	0.033	13.83	0.03	13.83	14.80

处理方法	直接能耗/kW·h·kg^{-1}除P	间接能耗		合　计		
		电耗/kW·h·kg^{-1}除P	燃料/MJ·kg^{-1}除P	电耗/kW·h·kg^{-1}除P	燃料/MJ·kg^{-1}除P	总计/MJ·kg^{-1}除P
粉状活性炭吸附	1.44	—	6.70	1.44	6.70	24.80
粉状活性炭再生	—	—				
流化床：进水/COD40mg·L^{-1}	—	1.54	27.63	15.4	27.63	46.98
湿式氧化：进水/COD450mg·L^{-1}	—	0.33	无	0.33	无	4.14
臭氧氧化	17.6	—	—	17.6	—	223.1

表2-9　总溶解固体去除的能耗

处理方法	直接电耗/kW·h·(kgTDS)$^{-1}$	间接燃料/MJ·(kgTDS)$^{-1}$	合计能耗/MJ·(kgTDS)$^{-1}$
反渗透	1.76	—	22.10
电渗析	1.32		15.58
离子交换	0.017	48.82	48.87

表2-10　污泥浓缩的能耗

浓缩方法	污泥种类	范围值/kW·h·t^{-1}干泥	脱水量/MJ·m^{-3}
重力法	初次沉淀池污泥	8.55（6.4~13.9）	12.05
浮上浓缩法	剩余活性污泥	42.7（21.4~64.1）	5.40
筐式离心机浓缩	剩余活性污泥	1026（908~1176）	139.60
滚筒式离心机浓缩	剩余活性污泥	566（427~693）	75.10

注：将固体含量为0.6%的初次沉淀污泥和剩余活性污泥浓缩至初次沉淀池污泥间体含量为8%、剩余活性污染固体含量为3%。

表2-11　污泥脱水的能耗

污泥脱水方法	燃料/MJ·kg^{-1}干泥	电耗/kW·h·t^{-1}干泥	投药量		间接能耗/kW·h·t^{-1}干泥	总能耗/kW·h·t^{-1}干泥
			种类（kg/t 干泥）			
干化床法	23.24	1.76（1.1~2.2）	聚合物25		5.51	14.6（13.9~15.0）
真空滤机法	无	57（33~77）	聚合物4		0.88	61（37~81）
离心机法	无	22（11~33）	聚合物4		0.88	26（15~37）
板框压缩法	无	39（33~55）	Ca(OH)$_2$+FeCl$_3$150		1.21	169（157~179）
带式压缩法	无	40（33~66）	聚合物4		0.88	61（37~81）
双辊挤压法	无	35（33~55）	聚合物4		0.88	39（37~59）
投药法	无	3.1				

表 2-12　污泥稳定的能耗

污泥稳定的方法	特　点	操　作　条　件	电耗/kW·h·kg⁻¹干泥	燃料/MJ·kg⁻¹干泥	总能耗/MJ·kg⁻¹干泥
好氧消化	不利用沼气，加热所需能量	污泥停留时间：15d，通入0.91kgO₂ 电耗/kW·h	0.53	15.76	24.52
厌氧消化	利用沼气，加热所需能量	污泥停留时间：15d 投配负荷：6% 污泥混合搅拌耗能：13.2kW·h/100m³	0.24 0.19	7.04 2.14	10.05 4.58
堆肥	自然通风，强制通风	污泥投配率：25% 污泥投配率：25%，强制通风耗电：0.325kW·h/m³堆肥	— 0.004	0.054 0.054	0.06 0.10
焚化		多数炉温度保持：760℃ 污泥投配率：24%	0.088	14.18	15.29

上表中电耗、燃料、总能耗单位均应为：电耗 kW·h·kg^{-1} 干泥，燃料与总能耗 MJ·kg^{-1} 干泥。

第四节　工程制图相关知识

一、设计图纸

（一）图纸幅面与标题栏

在污（废）水处理工程中，常用的图纸幅面为 A0、A1、A2、A3、A4、A5，它们的具体规格见表 2-13，标题栏应放置在图纸右下角，宽 180mm。高 40～50mm，应包括设计单位名称、签字、工程名称、图名、图号和注册建筑师、注册结构师签名。

表 2-13　图纸幅面　　　　　（mm）

基本幅面代号	0	1	2	3	4	5
B	841×1189	584×841	420×594	297×420	210×297	148×210
C		10			5	
A		25				

（二）比例

1. 水污染控制工程图

水污染控制工程图所用的比例见表 2-14 规定选用。水污染控制工程图一般用阿拉伯数字表示比例，注写位置一般与图名一起放在图形下面的横粗线上。若整张图纸只用一个比例时，可以注写在图标内图名的下面；详图比例须注写在详图图名右侧。对于项目的给水排水关系系统图可以不按准确比例尺绘制，只示意表示走向。

表 2-14 水污染控制工程图比例

名　称	比　例
区域规划图	1:500000，1:10000，1:5000，1:2000
区域位置图	1:10000，1:5000，1:2000，1:1000
厂区（小区）平面图	纵向 1:2000，1:1000，1:500，1:200
管道纵断面图	横向 1:1000，1:500
水处理厂平面图	1:1000，1:500，1:200，1:100
水处理流程图	无比例
水处理高程图	无比例
水处理构筑物平剖面图	1:60，1:50，1:40，1:30，1:10
泵房平剖面房	1:100，1:60；1:50，1:40，1:30
室内排水平面图	1:300，1:200，1:100，1:50
排水系统图	1:200，1:100，1:50
设备加工图	1:100，1:50，1:40，1:30，1:20，1:10.1:2，1:1
部件、零件详图	1:50，1:40，1:30，1:20，1:10，1:5，1:3，1:2，1:1，2:1

2. 机械（设备）图比例

绘制机械图样的比例见表 2-15。对于同一部件或设备的不同视图，应采用相同的比例。

表 2-15 机械图的比例（n 为正整数）

与实物相同	1:1
缩小比例	1:2，1:2.5，1:3，1:4，1:5，1:10^n，1:(2×10^n)，1:(5×10^n)
放大比例	2:1，2.5:1，4:1，5:1，10:1，10^n:1

（三）图线

绘制图纸时要采用不同线型、不同线宽来表示不同的含义。绘制常用线型有实线、虚线、点划线、双点划线、折断线等。图纸各种线条的宽度可根据图幅的大小决定，同一图样中同类型线条的宽度应有一定比例，以保持图纸层次清晰。图中线宽一般以粗实线宽度"b"而定，具体见表 2-16。

（四）尺寸注写规则

尺寸界线应自图形的轮廓线、轴线或中心线处引出，与尺寸线垂直并超出尺寸线约 2mm；一般情况下尺寸界线应与尺寸线垂直，当尺寸界线与其他图线有重叠情况时，允许将尺寸界线倾斜引出；尺寸线应尽量不与其他图线相交，安排平行尺寸线时，应使小尺寸在内，大尺寸在外；轮廓线、轴线、中心线或延长线，均不可作为尺寸线使用。

标注半径、直径、角度、弧长等尺寸时，尺寸起止符号用箭头表示（见表 2-16）。

表 2-16　绘图常用线形及试用范围

序号	名　称		线号	宽度	适　用　范　围
1	实线	粗实线		b	(1) 新建各种工艺管线； (2) 单线管路线； (3) 轴侧管路线； (4) 剖切线； (5) 图名线； (6) 钢筋线； (7) 机械图可见轮廓线； 图标、图框的 2 外框线
2		中实线		$B/2$	(1) 工艺图构筑物轮廓线； (2) 结构图构筑物轮廓线； (3) 原有各种工艺管线
3		细实线		$B/4$	(1) 尺寸线、尺寸界线； (2) 剖面线； (3) 引出线； (4) 重合剖面轮廓线； (5) 辅助线； (6) 展开图中表面光滑过渡线； (7) 标高符号线； (8) 零件局部的放大范围线； (9) 图标、表格的分格线
4	虚线（首末或相交处应为线段）	粗虚线		B	(1) 新建各种工艺管线； (2) 不可见钢筋线
5		中虚线		$B/2$	(1) 建筑物不可见轮廓线； (2) 机械图不可见轮廓线
6		细虚线		$B/4$	土建图中已被剖去的示意位置线
7	点划线（首末或相交处应为线段）	粗点划线		B	平面上吊车轨道线
8		中点划线		$B/2$	结构平面图上构件（屋架、层面梁、楼面梁、基础梁、边系梁、过梁）布置线
9		细点划线		$B/4$	(1) 中心线； (2) 定位轴线
10	折断线			$B/4$	折断线

尺寸单位除标高以米（m）为单位外，其余一般均以毫米（mm）为单位，特殊情况需用其他单位时需注明计量单位。

建筑物或零件的真实大小以图样上所注的尺寸为依据，与图形的大小及绘图的准确度无关。

一个图形中每一个尺寸一般仅标注一次，但在实际需要时也可重复标注出。

（五）标高

一律以米为单位，标注到小数点后 3 位。一般情况下，同一工程应采用一种标高（相对标高）来控制，并选择一个标高基准点。

标高符号一律以倒三角加水平线形式表达，在特殊情况下或注写数字的地方不够时，可用引出线（垂直于倒三角底边）移除水平线；总平面图上室外水平标高，必须以全部涂黑的三角形标高符号表示。

对于压力管道，应标注管中心标高；沟渠和重力流管道宜标注沟渠或管道内底标高。

对于水处理建筑物，应标注其主要结构部位的标高，如地面、池顶、池底、出水堰、水面、管道的管顶和管底等。

（六）管径表达与标注

焊接钢管管径宜以外径 $D \times$ 壁厚表示（如 $D200 \times 6$）；镀锌管、铸铁管管径宜采用直径 DN 表示（如 $DN200$）；混凝铁管、钢筋混凝土管、陶土管等采用内径 d 表示；对塑料管，管径采用产品标准方法表示。

（七）剖切符号

绘制图纸剖面图时，必须用剖切符号指明剖切位置和投影方向，对其进行编号（用阿拉伯数字表示），并在剖面下面标注相应名称。

剖切符号由剖切位置线和剖视方向线表示。剖切位置线用粗实线表示，在图中不得与其他图线相交，一般至多转折一次。剖视方向线应与剖切位置垂直相交，其中投影方向上的线段长一些，并在其末端标注剖切符号的编号。

（八）坐标

地形图或平面图通常用坐标来控制地形地貌或构筑物的平面位置，因为任何一个点的位置，都可以根据它的纵横两轴的距离来确定。需要注意的是，数学上通常以横轴作 X，纵轴作 Y，而地形图和平面图上经常以纵轴作 X，横轴作 Y，二者计算原理相同，但使用的象限不同。

（九）方向标

指北针：在工程设计平面图中一般以指北针表明建筑物的朝向，指北针用细实线绘制，圆的直径为 24mm，指北针头部为针尖形，尾部宽度为 3mm，用黑实线表示。

风玫瑰图（风向频率玫瑰图）：可指出工程所在地的常年风向频率、风速及朝向。风向是指来风方向，即从外侧吹向地区中心。风向频率指在一定时间内各种风向出现的次数占所有观测次数的百分比。

（十）设计说明

同一张图形中的特殊说明部分应用设计说明进行详细阐述，设计说明标注在图形的下方或者右侧，用文字表示图形中不明之处。

（十一）图纸折叠方法

不装订的图纸折叠时，应将图面折向外方，并使右下角的图标露在外面。图纸折叠后的大小，应以 4 号基本幅画的尺寸（297mm $\times$ 210mm）为准。需装订的图纸折叠时，折成的大小尺寸为 297mm $\times$ 185mm，按图的顺序装订成册。

二、制图方法及常用表达方法

在实际生产中，有些物体的形状和结构比较复杂，为了把它们的内外部形状完整、清晰地表达出来，国家标准 GB/T 17451—1998、GB/T 17452—1998《图样画法》等规定了图样的各种画法，如视图、剖视图、断面图、局部放大图、简化画法等，成为工程技术人员绘图时共同遵守的规则。本节将着重介绍其中一些常用的画法。

（一）视图

视图有基本视图、向视图、局部视图和斜视图，主要用于表达物体的外形。

1. 基本视图

六个投影面组成一个正六面体，该正六面体的六个面成为基本投影面。基本视图是物体向基本投影面投射所得的视图。除了主、俯、左视图外，再由右向左、由下向上、由后向前投射，分别得到右视图、仰视图、后视图。将正面投影面保持不动，旋转其他投影面，展开到与正面投影面共面后所得到的六个投影图，即六个基本视图。

2. 向视图

向视图是可自由配置的视图，是基本视图的一种表达方式。标注方法是：在向视图的上方标注"X"（"X"为大写拉丁字母），在相应的视图附近用箭头指明投射方向，并注上同样的字母。

3. 局部视图

只需表达物体的某一部分结构形状时，可将该部分向基本投影面投射，所得到的视图称为局部视图。

画局部视图时应注意下列几点：

（1）局部视图的断裂边界应以波浪线或双折线表示。若被表达部分机构完整且其外轮廓线成封闭时，波浪线可省略。

（2）局部视图一般在它的上方标出视图的名称"X"（"X"一般为大写拉丁字母），在相应视图附近用箭头指明投射方向，并注上相同的字母。当局部视图按投影关系配置，中间又没有其他图形隔开时，可以省略标注。

（3）对称物体的视图可只画到1/2或1/4，在对称中心线两端画出2条与其垂直的平行细实线。

4. 斜视图

将物体向不平行于基本投影面的平面投射所得到的视图称为斜视图。当物体某一部分结构形状倾斜于某基本投影面而不宜采用基本视图表达时，可采用斜视图表示。

画斜视图时应注意以下几点：

（1）斜视图一般只画局部，其配置和标注方法，以及断裂线的画法与局部视图基本相同。但需注意：标注的箭头要垂直于被表达的倾斜部分，字母及斜视图上方相应的字母要按水平位置书写。为了绘图方便，允许图形旋转，但需在斜视图上方注明。

（2）对于不反映倾斜部分真实形状的其他视图，一般可用局部视图画出。

（二）剖视图

剖视图用于表达物体的内部形状或同时表达外部形状和内部形状。

1. 剖视图的概念

当物体内部结构比较复杂时，在视图中就会出现许多细虚线或细虚线与粗实线重叠现象，影响图形清晰，给读图和标注尺寸带来不便。为使细虚线转变为粗实线，需采用剖视图。

假想用剖切面将物剖开，移去观察者和剖切面之间的部分，而将其余部分向与剖切面平行的投影面投射所得到的图形称为剖视图，简称剖图。

2. 剖图的画法和标注

（1）剖切后，剖切面与形体截交生成了断面图形。在断面投影部分画上规定的剖面符号。对于金属材料，其剖面符号为与水平成45°的等距细实线。在国家标准《机械制图剖面符号》（GB/T 4457.5—1984）中规定了各种不同材料的剖面符号。

（2）画剖视图时要对剖切位置与投射方向进行标注。标注的方法是：在相应的视图上，规定用长 5～10mm 的粗短画线表示剖切面起讫和转折位置，用与起讫粗短画线外端相垂直的箭头表示投射方向；在粗短画线附近标注字母；在剖视图上方用相同字母"X—X"注出剖视图的名称，表示与相应视图间的对应关系。

（3）当剖视图按投影关系配置，中间又没有其他图形隔开时，可以省略箭头；再若剖切面与物体的对称面重合，则可以不标注。

（4）另外还要注意到，由于剖切是假想的，所以当一个视图画成剖视图后，其他视图仍为完整物体的投影。在剖视图中已表达清楚的物体内形，在其他视图上不必再画出表示该部分内形的细虚线。

3. 剖视图的种类

剖视图分为全剖视图、半剖视图和局部剖视图三种。

（1）全剖视图

用剖切面把物体完全剖开后所得到的剖视图，称为全剖视图。全剖视图用于表达内形比较复杂、外形比较简单的物体。如比较复杂的外形需要表达时，则应增加外形视图或改用其他视图。全剖视图按照前面所述的剖视图的标注方法进行标注。

（2）半剖视图

当物体具有对称平面时，向垂直于对称平面的投影面上投射所得到的图形，可以对称中心线为界，一半画成视图，另一半画成剖视图，这种组合的图形称为半剖视图。半剖视图同时表达了物体的外形和内形。

（3）局部剖视图

用剖切图局部剖开物体，所得到的剖视图称为局部剖视图。局部剖视图是一种比较灵活的兼顾内形和外形的表达方法，且不受条件限制。局部剖视图采用的剖切平面的位置与剖切范围，可以根据表达物体结构形状的需要而决定。

4. 剖切面的种类

由于物体结构形状的不同，可选择三种不同的剖切面剖开物体。

（1）单一剖切面

单一剖切面包括平行于某一基本投影面的单一平面和不平行于任何基本投影面的单一平面。

（2）两个或两个以上互相平行的剖切平面

当物体上具有几个不在同一剖切面上，而又需要剖切表达的结构形状时，可以用几个相互平行的剖切平面剖开物体，得到全剖视的主视图。

（3）几个相交的剖切平面（交线平行于某基本投影面）

把倾斜的剖切平面剖到的结构转到与选定的基本投影平行的位置，再进行投射的剖切方法称为旋转剖。

（三）断面图

假想用剖切平面在垂直于物体轮廓线或回转面的轴线处切断，仅画出断面的图形，称为断面图，可简称断面。断面主要用来表达物体其部分断面的形状，常用于肋板、轮辐、槽、孔等的表达。

断面图可分为移出断面图和重合断面图两种。

1. 移出断面图

把断面图画在机件图形之外，这种断面图称为移出断面图。移出断面图的轮廓线主要用粗实线画出。

2. 重合断面图

将断面画在物体图形之内，这种断面图称为重合断面。重合断面是在物体断面形状简单、断面图形画在物体图形中又不影响图形清晰的情况下使用。重合断面的轮廓线用细实线绘制。当视图中的轮廓线与重合断面图形重叠时，视图中的轮廓线仍完整画出。

（四）其他常用表达方法

1. 局部放大图

将物体的部分结构用大于原图形所采用的比例画出的图形，称为局部放大图。

画局部放大图时，用细实线圈出被放大部位，并在其附近画出局部放大图。当同一物体需要多处放大表达时，需用罗马数字依次标明被放大的部位，并在局部放大图的上方标注相应的罗马数字和采用的比例。局部放大图可画成视图、剖视图、断面图，它与被放大部分的表达方式无关。

2. 简化画法

下面介绍国家标准所规定的部分简化画法：

（1）对于物体的肋、轮廓、薄壁等，如按纵向剖切，这些结构都不画剖切符号，并用粗实线将它与其相邻接部分分开。

（2）当物体具有均匀分布的肋、轮辐、孔等结构不处于剖切面上时，应假想将这些结构旋转到平行于投影面的位置。

（3）当图形对称时，可画略大于一半。

（4）当物体具有若干个相同结构（孔、齿、槽等），并按一定规律分布时，只需画出几个完整结构，其余用细实线连接或画出中心线表明位置，但在图中必须标明该结构的总数。

（5）对较长的零件沿长度方向其形状一致或按一定规律变化时，可以断开后缩短表示，但要标注实际长度。

（6）对于物体上较小的结构，如已由其他图形表示清楚，且又不影响读图时，可采用简化或者省略而不需按真实投影绘制。

（7）圆柱体上的平面结构若在图形中未能表达清楚，可采用平面符号（相交的两条细实线）表示。

第三章　城市污水处理厂设计

第一节　城市污水的特点

一、城市污水的组成

城市污水，是排入城镇排水系统污水的总称，是生活污水和工业废水的混合液，在合流制排水系统中还包括降水。详细组成如下：

$$
\text{城市污水}\begin{cases}
\text{生活污水}\begin{cases}
\text{家庭污水（粪便、洗澡、厕所所用水等）}\\
\text{公用场所污水（如宾馆）}\\
\text{医院污水（经消毒预处理）}
\end{cases}\\
\text{工业污水（经预处理达标排放）和工业废水}\\
\text{初期雨水}
\end{cases}
$$

在特定条件下，下水道有一定的渗漏（渗入或漏损），可根据具体情况考虑。

（一）生活污水

生活污水是人类在日常生活中所用过，并为生活废料所污染的水，如家庭污水，即粪便、洗澡、厕所用水等；公用污水，即公共场所污水；医院污水，即经消毒预处理过的污水。生活污水含有较多的有机物，如蛋白质，动植物脂肪、碳水化合物、尿素和氨氮等，还含有肥皂和合成洗涤剂，以及常在粪便中出现的病原菌微生物，如寄生虫和肠系传染病菌等。

（二）工业废水

工业废水是企业生产过程中所产生和排放的水。工业废水分为生产污水和生产废水两类。生产污水是在生产过程中形成，被有机或无机性的生产废料所污染，其中也包括温度过高能够造成热污染的工业废水。生产废水也是在生产过程中形成，但未直接参与生产工艺，在生产中只起辅助性作用，未被污染或污染很轻，有的只是温度稍有上升。前一种废水需要处理，后者不需要处理或只需要进行简单的处理。工业污水进入城市排水系统前必须进行预处理达到城市下水道系统排放标准，以保护城市下水道设施不受损坏，保证城市污水处理厂的正常运行。

（三）降水

降水是在地面上流泄的雨水和冰雪融化水。降水通常称雨水。雨水虽然比较清洁，但初降雨时却挟带着大量地面和屋面上的各种污染物质，使其受到污染。尤其流经工厂地区的雨水，可能含有生产部门的污染物质，污染程度较严重，因此，流经工厂地区的雨水应排入城市下水道经城市污水处理厂处理后才能排入水体。

二、城市污水的水质

功能综合的城市，排水系统接纳的生活污水约占总污水量的 45%~65%，相应城市污水具有生活污水的特征。城市污水的水质随接纳的工业污水水量和工业企业生产性质的不同而有所不同，尤其是一些特殊的污染物指标，如重金属离子与冶金工业，有毒有机物与农药、染料等，但由于特殊工业的数量与其排水量所占比例很小，因而对城市污水整体影响不大，特别是经预处理后的工业污水。典型的生活污水水质变化范围可参考表 3-1。

表 3-1　典型的生活污水水质变化

序号	指　标	浓度/mg·L^{-1}		
		高	中	低
1	总固体（TS）	1200	720	350
2	溶解性总固体	850	500	250
3	非挥发性	525	300	145
4	挥发性	325	200	105
5	悬浮性（SS）	350	220	100
6	非挥发性	75	55	20
7	挥发性	275	165	80
8	可沉降物	20	10	5
9	生化需氧量（BOD$_5$）	400	200	100
10	溶解性	200	100	50
11	悬浮性	200	100	50
12	总有机碳（TOC）	200	60	80
13	化学需氧量（COD）	1000	400	250
14	溶解性	400	150	100
15	悬浮性	600	250	150
16	可生物降解部分	750	300	200
17	溶解性	325	150	100
18	悬浮性	325	150	100
19	总氮（N）	85	40	20
20	有机氮	35	15	8
21	游离氮	50	25	12
22	亚硝酸氮	0	0	0
23	硝酸氮	0	0	0
24	总磷（P）	15	8	4
25	有机磷	5	3	1
26	无机磷	10	5	3
27	氯化物（Cl$^-$）	200	100	60
28	碱度（CaCO$_3$）	200	100	50
29	油脂	150	100	50

第二节 城市污水处理设计的水质水量及处理程度

一、设计水质的确定

（一）设计进水水质

目前，城市污水处理厂的设计水质主要是确定 COD、BOD_5、SS、TN、TP 等的浓度。在无资料时，一般是根据设计人口数及室外排水设计规范中的污染物排放标准来进行计算确定。

（1）设计人口数 N

$$N = N_1 + N_2 + N_3 \qquad (3-1)$$

式中　N——设计人口数，人；

　　　N_1——居民区人口数，人；

　　　N_2——工业废水折合的人口当量数，人；

　　　N_3——公共建筑集中流量折合人口当量数，人。

（2）工业废水折合人口当量数 N_2：

$$N_2 = \sum C_i Q_i / a_s \qquad (3-2)$$

式中　C_i——某工厂工业废水的 BOD_5 或 SS 的浓度，g/m^3；

　　　Q_i——某工厂工业废水平均日流量，m^3/d；

　　　a_s——BOD_5 或 SS 等污染物每人每日排放量，克/（人·天）。

其中，BOD_5 为 22 ~ 35 克/（人·天）；SS 为 35 ~ 50 克/（人·天）。

（3）公共建筑集中流量折合人口当量数 N_3：

$$N_3 = Q/P \qquad (3-3)$$

式中　Q——集中流量，m^3/d；

　　　P——每人每日污水量排放标准，立方米/（人·天）。

（4）城市污水污染物设计浓度 C_s 的确定：

$$C_s = a_s \cdot N/Q_{平均} \qquad (3-4)$$

式中　C_s——污染物的设计浓度，mg/L 或 g/m^3；

　　　N——设计人口数，人；

　　　a_s——BOD_5 或 SS 等污染物每人每日排放量，克/（人·天）；

　　$Q_{平均}$——平均日污水量，m^3/d。

（二）出水水质标准

（1）《污水综合排放标准》（GB 8978—1996）；

（2）《地面水环境质量标准》（GB 3838—1988）；

（3）《生活杂用水水质标准》（GJ 25.1—1989）；

（4）《农田灌溉水质标准》（GB 5084—1992）。

出水水质校准应根据排放去向，纳污水体功能与被保护水体的关系由（1）或（2）确定，也可根据（3）或（4）确定。

二、设计水量的确定

用于城市污水处理厂的设计水量有平均日流量、设计最大流量、最小污水流量、降雨时的设计流量等。

（一）平均日流量（m³/d）

这种流量包含耗药量、处理总水量、总泥量等。目前，我国对污水处理厂的规划按平均日流量来表示污水处理厂的规模，并用来计算污水厂的栅渣量、沉砂量、年抽升电量、流量。规模划分如下：

（1）小型污水处理厂：等于或小于 5 万 m³/d；

（2）中型污水处理厂：5 万 ~ 10 万 m³/d；

（3）大型污水处理厂：大于 10 万 m³/d。

（二）设计最大流量（m³/h 或 L/s）

污水处理厂进水管设计用此流量，污水处理厂各构筑物（除另有规定外）及厂内管渠都应满足此流量。由平均日流量根据"室外排水设计规范"的规定，选用其总变化系数 K_z，而得到设计最大流量。当污水用泵轴升进入污水处理厂时，可用水泵组合流量作为设计最大流量，但组合流量应尽量与设计流量相吻合。设计最大流量用来计算各构筑物工艺尺寸（曝气池除外）及厂内管道的大小。

（1）计算方法一：

$$Q = Q_1 + Q_2 + Q_3 \tag{3-5}$$

式中　Q——城市污水设计最大流量，L/s；

　　　Q_1——居住区生活污水设计流量，L/s；

　　　Q_2——工业企业生活污水及淋浴污水设计流量，L/s；

　　　Q_3——工业废水设计流量，L/s。

$$Q_1 = n \cdot N \cdot K_z / (24 \times 3600) \tag{3-6}$$

式中　n——居住区生活污水量标准，升/（人·天）；

　　　N——设计人口数；

　　　K_z——生活污水总变化系数。

变化系数分日、时及总变化系数。其中，K_d 为一年中最大日污水量与平均日污水量的比值变化系数；K_h 为最大日中最大时污水量与该日平均时污水量的比值；K_z 为最大日最大时污水量与平均日平均时污水量的比值。它们之间的关系为：

$$K_z = K_d k_h \tag{3-7}$$

当缺乏日变化系数和时变系数的数据时，可用流量变化幅度与平均流量之间的关系式，即：

$$K_z = 2.7/Q_p^{0.11} \tag{3-8}$$

式中　Q_p——平均日平均时污水流量。

居住区生活污水量总变化系数也可按表3-2计算。

表3-2　生活污水量总变化系数

污水平均日流量/L·s⁻¹	5	15	40	70	100	200	500	≥1000
总变化系数/K_z	2.3	2	1.8	1.7	1.6	1.5	1.4	1.3

$$Q_2 = (A_1B_1K_1 + A_2B_2K_2)/(3600T) + (C_1D_1 + C_2D_2)/3600 \tag{3-9}$$

式中　A_1——一般车间最大班人数，人；

　　　A_2——热车间最大班人数，人；

　　　B_1——一般车间职工生活污水量标准，以25L/人班计；

　　　B_2——热车间职工生活污水量标准，以35L/人班计；

　　　K_1——一般车间生活污水量时变化系数，以3.0计；

　　　K_2——热车间生活污水量时变化系数，以2.5计；

　　　C_1——一般车间最大班使用淋浴的职工数，人；

　　　C_2——热车间最大班使用淋浴的职工数，人；

　　　D_1——一般车间的淋浴用水量标准，以40L/人班计；

　　　D_2——高温、污染严重车间的淋浴污水量标准，以60L/人班计；

　　　T——每班工作时数，h。

淋浴时间以1h计。

$$Q_3 = m \cdot M \cdot K_z/(3600T) \tag{3-10}$$

式中　m——生产过程中每单位产品的废水量，立方米/单位产品；

　　　M——产品的平均日产量；

　　　T——每日生产时数，h；

　　　K_z——总变化系数，$K_z = K_dK_h$。

工业废水量的日变化一般较少，其日变化系数 K_d 为1时变化系数 K_h 可实测，其可参考有关资料，某些工业废水量的时变化系数 K_h 大致如下，可供参考：

冶金工业：1.0~1.1；

化学工业：1.3~1.5；

纺织工业：1.5~2.0；

食品工业：1.5~2.0；

皮革工业：1.5~2.0；

造纸工业：1.3~1.8。

（2）计算方法二：根据所设计地区的实际污水量变化资料，采用综合流量计算方法求得污水的最大流量。

（三）最小污水流量（m³/d）

根据经验，一般为平均日污水量的1/2~1/4。最小污水流量常用来作为污水泵选型或处理构筑物分组的考虑因素，当最小污水流量进入处理厂时，可以开启一台泵或使并行构筑物的一组（个）运行。

（四）降雨时的设计流量（m³/h 或 L/s）

降雨流量用于截流合流式的排水系统，它包括旱流流量和截流几倍的初期雨水流量。用该流量校核初沉池以前的构筑物和设备，此时初沉池停留时间大于或等于30min。

由于设计最大流量持续时间较短，当曝气池设计水停留时间较长（如6h时），则用比设计最大流量略小的流量（如最大日平均流量）来作为曝气池的设计流量。当污水处理厂为分期建设时，设计流量用相应的各期流量。

三、城市污水处理程度的确定

城市污水处理程度可按下式计算：

$$P = (C_i - C_e)/C_e \times 100\% \tag{3-11}$$

式中　P——污水需要处理的程度，以百分率计算；

　　　C_i——未经处理的污水中，某种污染质的平均浓度，mg/L；

　　　C_e——允许排入水体的已处理污水中该污染物的平均浓度，mg/L。

确定污水处理程度的几种方法：

（一）根据受纳水体的稀释自净能力

当设计的污水处理厂所在地的水体环境容量大，可利用水体稀释和自净能力，使水处理过程中的经济投入相对小，但需要慎重研究决定，因为污染物中有可生物降解的和不可生物降解的部分，前者可在水体中自净，后者只能稀释。该方法的计算一般采用氧垂曲线方程。

（二）根据城市污水处理厂能达到的处理程度来确定

该方法是根据污水处理工艺能达到的处理程度确定的。我国目前一般污水处理厂所能达到的处理程度为30mg/L，也就是所谓的"双30"标准，即BOD$_5$、SS均为30mg/L。

（三）按水体的水质要求确定

这种方法是根据水体的一般要求和污水处理厂所在地的地方要求，将污水处理到出水符合水体的水质要求。

（四）根据污水处理厂所在的地方要求确定。

第三节　城市污水处理工艺流程的选择

一、选择城市污水处理工艺流程应考虑的因素

（一）污水应达到的处理程度

污水应达到的处理程度是选择处理工艺的主要依据，污水处理程度主要取决于处理后水的出路和去向：

（1）处理后出水排放水体，其是最常采用的去向。处理后出水排放水体时，污水处理程度一般以城市污水二级处理工艺技术所能达到的处理程度，即BOD$_5$、SS均为30mg/L来确定工艺流程。

（2）回用。主要回用于农业灌溉，其水质应达到《农田灌溉水质标准》。其次是作为城市杂用水，如喷洒绿地、公园、冲洗街道和厕所，以及作为城市景观的补给水等。回用水的水质指标为：

COD < 30mg/L；

$BOD_5 < 15mg/L$；

pH 值：$5.8 \sim 8.6$；

大肠菌群 <10 个/毫升；

气味：不使人有不快的感受；

消毒杀菌：并应保证出水有足够的余氯。

（二）工程投资与运行费用

在处理污水应达到的水质标准的前提下，根据处理水质、水量，选择可行的几种工艺流程进行全面的技术经济比较，从而择优确定工艺先进合理、工程投资和运行费用较低的处理工艺流程。如城市污水 BOD、SS 浓度较高，水质水量变化较大情况下，采用 A-B 法活性污泥工艺不仅比普通活性污泥法处理效果好，同时能去除 NH_3-N 和 P，而且在一般情况下可节省基建投资约20%，节省能耗15%左右。

（三）选择工艺应考虑分期分级处理与排放和利用情况

根据当地城市规划，先建一期工程，以后再建二期工程；根据当地财力情况可先建一级处理，以后再建二级处理。同时根据排放和利用情况，某市污水处理厂一部分采用一级处理后排入水体，一部分采用二级处理回用于农田灌溉，还有一部分采用深度处理后回用于城市杂用水。

施工和运行管理也是确定处理工艺应考虑的因素，如地下水较高，地质条件较差的地区，就不宜选用深度大、施工难度高的处理构筑物。另外，也应考虑所确定处理工艺应用简单、操作方便。

（四）污水量和水质变化情况

污水量的大小也是选择工艺需要考虑的因素，水质、水量变化较大的污水，应考虑设置调节池或事故储水池，或选用承受冲击负荷能力较强的处理工艺，或间歇式处理工艺。

（五）当地的其他条件

当地的地形、气候、地质等自然条件，也对污水处理工艺流程的选择具有一定的影响。可利用洼地、沼泽地等，设置稳定塘、土地处理等污水自然处理系统；寒冷地区应当采用适合于低温季节运行的或在采取适当的技术措施也能在低温季节运行的处理工艺；地下水位高、地质条件差的地方不宜选用深度大、施工难度高的处理构筑物。

总之，污水处理工艺流程选择是一项比较复杂的系统工程，必须对上述各因素加以综合考虑，进行多种方案的经济技术比较，还应进行深入地调研及试验研究工作，才可能选择技术先进可行、经济合理的理想工艺流程。

二、城市污水二级处理工艺的典型流程

（一）污水中杂质与处理工艺

水中杂质与处理工艺之间的关系，如图 3-1 所示城市污水处理工艺典型流程。城市污水处理厂的典型工艺流程如图 3-2、图 3-3 所示，该流程包括污水二级处理系统和污泥处理系统。

污水的一级处理也称前处理，它由格栅－沉砂池组成，属于物理处理。其作用是去除污水中的固体污染物，从大块垃圾到粒径为数毫米的悬浮物（溶解性的和非溶解性的）。

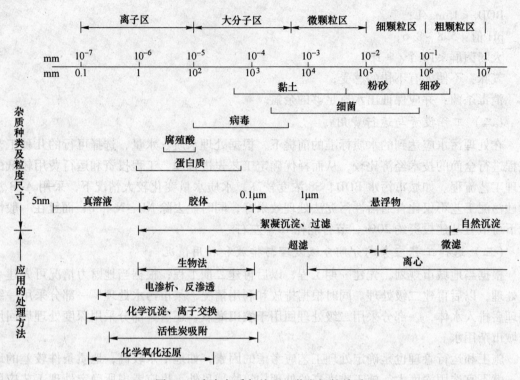

图 3-1　水中杂质与处理工艺之间的关系

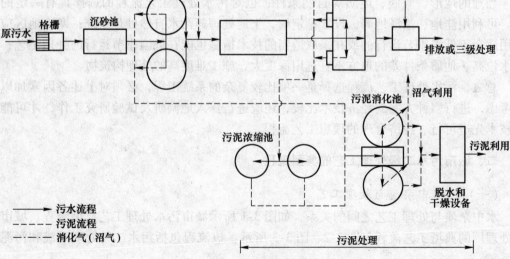

图 3-2　城市二级污水处理厂典型工艺流程

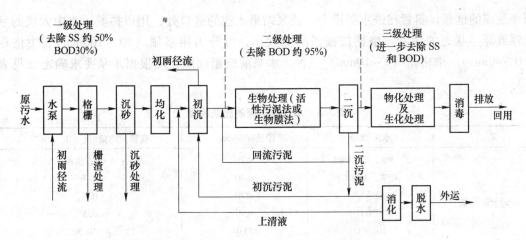

图 3-3 城市污水处理工艺典型流程

一级处理的处理效率 SS 为 40%~55%，BOD_5 为 20%~30%，主要靠沉淀池去除。

（二）污水的二级处理

污水的二级处理又称生化处理（通常为活性污泥法或生物膜法），它是城市污水处理厂的核心，一般由生物处理构筑物或设备与二次沉淀池组成。主要作用是去除污水中呈胶体和溶解状态的有机物（以 BOD_5 或 COD 表示）。通过二级处理，水的 SS、BOD_5 值可降至 20~30mg/L，一般可达到排放水体和灌溉农田的水质标准。

在上述典型的工艺流程中，根据水质，水量，二级处理活性污泥法可采用不同的工艺，有时在一级处理工艺中可不采用初沉池。如果二级处理后出水要回用于城市杂用水，则要进行三级处理（又称深度处理），以进一步降低 SS 和 BOD_5，以达杂用水的水质标准。

在污水处理工艺中必然会产生污泥，污泥要经过减容稳定处理，以便于处置和防止造成二次污染。从二沉池排出的剩余污泥经浓缩处理后，其浓缩污泥和初沉池排出的沉淀污泥进行厌氧消化稳定处理和脱水，最后使之变成泥状作为农业肥料。其污泥水一般通过重力返回污水处理工艺前的抽升泵房集水井。

第四节　城市污水处理构筑物的选型

不同的构筑物形式具有各自的特点，表现在它的工艺系统、构造形式、适应性能、处理效果，运行与维护管理等。同时，其建造费用和运行费用也存在差异。因此，处理工艺系统确定以后，应对不同的构筑物进行选型，同时还可通过技术经济比较确定。

一、一级处理构筑物的选型

一般城市污水都含有一定数量的悬浮物质。由于污水来源广泛，污水中 SS 的含量及其粒径变化较大。这些悬浮物会损坏、堵塞污水处理设备并影响污水处理的效果。一级处理的主要目的就是去除这些悬浮物质、保护污水处理设备、提高污水处理效率。城市污水处理厂典型流程中的一级处理构筑物主要有格栅、沉砂池、沉淀池。

（一）格栅

典型一级处理工艺在水泵前和污水处理系统前均需设置格栅。格栅是由一组平行的金属条制成的框架，斜置在进水渠道上，或泵站集水池的进口处，用以拦截污水中大块的呈悬浮或漂浮状态的污物。格栅按栅条间隙大小，可分为粗格栅（50～100mm）、中格栅（10～40mm）、细格栅（3～10mm）三种。水泵前格栅间隙，应根据水泵要求确定（见表3-3）。

表3-3　水泵前格栅的栅条间隙

项　　目	水泵型号	栅条间隙/mm	截留污物量/升·人·年$^{-1}$
污水离心泵	$2^{1/2}$PW、$2^{1/2}$PWL	≤20	人工：4～5；机械：5～6
	4PW、4PWL	≤40	2.7
	6PWL	≤70	0.8
	8PWL	≤90	0.5
	10PWL	≤110	<0.5
	32PWL	≤150	<0.5
轴流泵	20ZLB-70	≤60	参照离心泵确定
	28ZLB-70	≤90	
清水泵	14sh	≤20	参照离心泵确定
	20sh	≤25	
	24sh	≤30	
	32sh	≤40	

在污水处理系统前仍需设置格栅，栅条间隙应符合下列要求：

（1）人工清除格栅条间隙：25～40mm；

（2）机械清除：16～25mm；

（3）最大间隙：40mm。

大型污水处理厂应设置粗细两道格栅，粗格栅条间隙为50～150mm。

（二）沉砂池

沉砂池的作用是去除比重较大的无机颗粒砂粒，应尽量使无机砂粒与有机颗粒得到较彻底分离，使沉砂池中夹杂的有机物小于10%，从而得到较清洁的沉砂，防止晒砂或堆砂时产生厌氧而污染环境。沉砂池可分平流式、竖流式、曝气沉砂池、钟式沉砂池四类，后一类是日益广泛应用的新型圆形沉砂池。平流式沉砂池是常用的形式，具有构造简单、处理效果较好的优点。竖流式沉砂池是污水由中心管进入池内后自下而上流动，无机物颗粒借助重力沉于底部，处理效果一般较差。曝气沉砂池是在池的一侧通入空气，使污水沿池旋转前进，从而产生与主流垂直的横向恒速环流。其优点是通过调节器调节曝气量，可以控制污水的旋流速度，使除砂效率较稳定，受流量变化的影响较小，同时对污水起预曝气作用。钟式沉砂池是利用机械力控制流态与流速，加速砂粒的沉淀，并使有机物随水流带走的沉砂装置。曝气沉砂池的有机物分离效率高达90%～95%，沉砂中有机物小于10%，可得到清洁沉砂。平流式和钟式沉砂池有机物分离效率较低，为60%～70%，沉砂中有机物多于15%，得不到清洁沉砂。平流式沉砂池适用于小型城市污水处理厂，中、大型污水处理厂则以选用曝气沉砂池和钟式沉砂池较普遍。竖流式沉砂池处理效果较差，埋深大，可应用于小型污水处理厂，但较少应用。

（三）沉淀池

　　按水流形式划分，沉淀池可分平流式沉淀池、竖流式沉淀池、辐流式沉淀池和斜板（管）沉淀池。每种沉淀池均包括五个区，即进水区、沉淀区、缓冲区、污泥区和出水区。平流沉淀池静压排泥时，可不设刮泥机，采用多斗排泥。竖流沉淀池一般可采用单斗静止排泥，不需排泥机械。辐流沉淀池一般采用刮泥机或吸泥机。大型污水处理厂用平流式沉淀池和辐流式沉淀池作二沉池时，须采用吸泥机排泥，排泥系统较复杂。各种沉淀池及其沉淀池排泥方法的比较见表3-4和表3-5。

表3-4　沉淀池的比较

池型	优　点	缺　点	适用条件
平流式	沉淀效果好； 耐冲击负荷； 平底单斗式施工容易，造价低	配水不易均匀； 多斗式构造复杂，排泥操作不方便，造价高； 链带式刮泥机维护困难	适用地下水位高、大中小型污水处理厂
竖流式	静压排泥系统简单； 排泥方便； 占地面积小	池深池径比值大，施工困难； 耐冲击负荷能力差； 池径大时，布水不均匀	适用地下水位低，小型污水处理厂
辐流式	沉淀效果较好； 周边配水时容积利用率高； 排泥设备成套性能好管理简单	中心进水时配水不易均匀； 机械排泥系统复杂、安装要求高； 进水配水设施施工困难	适用地下水位高，地质条件好，大中型污水处理厂
斜板式	沉淀效果效率高； 停留时间短； 占地面积小； 维护方便	构造比较复杂； 造价较高	适用地下水位低、小型污水处理厂

表3-5　沉淀排泥方法比较

方法	优　点	缺　点	适　用　对　象
斗式静压排泥	单斗操作方便不易堵塞； 设施简单，造价低	增加池深，池底构造简单； 多斗时操作不方便； 排泥不彻底	中型、小型、含泥量少污水处理厂
穿孔管排泥	操作简单方便排泥历时短； 系统简单，造价低	孔眼不易堵塞，池宽太大时不宜采用； 泥沙量大时效果差； 有时需要配排泥泵	小型、含泥沙量少污水处理厂
吸泥机	排泥效果好； 可连续排泥； 操作简单	机械构造复杂，安装困难； 造价高； 故障不多，但维修麻烦	大型、中型污水处理厂
刮泥机	排泥彻底，效果好； 可连续排泥； 操作简单	机械构造较复杂； 水力部分设备维修量大； 还需配排泥管或泵	大型、中型污水处理厂

二、二级处理构筑物的选型

城市污水二级处理为二级处理系统的核心工艺，该工艺主要分为活性污泥法和生物膜法两类，前者广泛采用于城市污水处理，后者多用于生活小区或小镇的生活污水处理，以及某些工业废水的生化处理。

（一）活性污泥法

目前，国内外城市污水处理厂常采用的二级处理工艺有普通活性污泥法、A_1/O 生物脱氮活性污泥法、A_2/O 活性污泥法除磷工艺、A^2/O 生物脱氮除磷工艺、AB 工艺、氧化沟法（循环混合式活性污泥法）、SBR 间歇式活性污泥法 7 种常用工艺。

1. 普通活性污泥法

普通活性污泥法的工艺有多种形式，如传统活性污泥法、阶段曝气活性污泥法、吸附—再生活性污泥法、延时曝气活性污泥法、完全混合活性污泥法、混合-推流等形式，目前一般的普通活性污泥法应设计成能按上述前三种方式都能分别运行的工艺。

（1）传统活性污泥法。传统活性污泥法的污水和回流污泥均由曝气池池首流入，处理效果好，但曝气池前段供氧不足，后段供氧过剩，同时耐冲击负荷能力较弱，曝气时间较长，适用于大中型城市污水处理厂，其曝气方式有推流式和完全混合式两种。

（2）阶段曝气活性污泥法。阶段曝气为污水沿池开设多点进入，使 BOD 负荷沿池长得到了均衡，增强了耐冲击负荷的能力，并克服了传统活性污泥法的缺点，其曝气方式一般为推流式。

（3）吸附-再生活性污泥法。吸附再生法是污水从沿曝气池池长方向的某一点进入，而回流污泥进入污泥池，在再生段实行曝气再生，而再生后的活性污泥在吸附段迅速吸附污水中的有机物。该工艺有较强的耐冲击负荷的能力，且曝气时间较短，一般为 $3 \sim 5h$。

（4）延时曝气活性污泥法。延时曝气活性污泥法也称完全氧化活性污泥法，曝气反应时间长（一般多在 $16 \sim 24h$），其污泥负荷率很低（只有 $0.05 \sim 0.15 kgBOD_5/kgMLVSS \cdot d$)，剩余污泥量较少。此工艺是污水、污泥综合处理构筑物且处理效果佳，同时稳定、耐冲击负荷且不需设初沉池，但其池容大、基建费用和运行费用较高、占地大。

（5）完全混合式活性污泥法。常用的池型是将二沉池和曝气池合建的曝气沉淀池，采用表曝气，水力停留时间不超过 $1h$，为短时曝气。该工艺优点是无需鼓风机房和管道，耐冲击负荷能力强；缺点是处理效率比普通活性污泥法低，易发生污泥膨胀。此工艺只适用于我国南方地区的小镇或居民区的污水处理，特别是用于工业废水处理。

2. 特殊活性污泥法

在某些特殊情况下采用的活性污泥法工艺有：浅层曝气活性污泥法、深井曝气活性污泥法、深水曝气活性污泥法、纯氧曝气活性污泥法。

（1）浅层曝气活性污泥法。其原理基于，在气泡刚刚形成的瞬间，液体的吸氧率最高。曝气设备装在距液面 $800 \sim 900mm$ 处，可采用低压风机。单位输入能量的相对吸氧量可达最大，它可充分发挥曝气设备的能力，风机的风压约 $1000Pa/m$ 即可满足要求。池中间设纵向隔板，有利于液流循环，充氧能力可达 $1.80 \sim 2.60 kg/(kW \cdot h)$。工艺缺点是曝气栅管孔眼容易堵塞。

（2）深井曝气活性污泥法。深井曝气装置，一般平面呈圆形，直径大约为 $1 \sim 6m$，深度 $50 \sim 150m$。在井身内，通过空压机的作用形成降流和升流的流动。深井曝气处理废水的特点是：处理效果良好，并具有充氧能力高、动力效率高、占地少、设备简单、易于操作和维修、运行费用低、耐冲击负荷能力强、产泥量低、处理不受气候影响等优点。此外，在大多数情况下可取消一次沉淀池，对高浓度废水容易提供大量的氧，也可用于污泥的好氧消化。

（3）深水曝气活性污泥法。曝气池内水深可达 $8.5 \sim 30m$，由于水压较大，故氧利用率较高；但需要的供风压力较大，因此动力消耗并不节省。近年来发展了若干种类的深水曝气池，主要有深水底层曝气、深水中层曝气，其中包括单侧旋流式、双侧旋流式、完全混合式等。为了减小风压，曝气器往往装在池深的一半，形成液—气流的循环，可节省能耗。当水深超过 $10 \sim 30m$ 时，即为塔式曝气池。

（4）纯氧曝气活性污泥法。纯氧曝气又称富氧曝气，可分为三类：

第一类为多级密封式，氧从密闭顶盖引入池内，污水从第一级逐级推流前进，氧由离心压缩机经中空轴进入回转叶轮，它使池中污泥与氧保持充分混合与接触，使污泥能极大地吸收氧，未用尽的氧与生化反应代谢产物从最后一级排出；

第二类为对旧曝气池进行改造，池上设幕篷，既通入纯氧又输入压缩空气，部分尾气外排，也可循环回用；

第三类为敞开式纯氧曝气池。该工艺与空气曝气相比，其具有的优点是：

（1）纯氧气曝气能大大提高氧在混合液中的扩散能力；

（2）达到同等氧浓度所需的气体体积时大大减少；

（3）在相同有机负荷时，容积负荷可大大提高；

（4）污泥指数低，仅 100 左右，不易发生污泥膨胀；

（5）处理效率高，所需的曝气时间短；

（6）产生的剩余污泥量少。

3. 除氮磷等工艺

随着城市污水处理厂出水中 N、P 控制标准的提高（为了防止受纳水体富营养化），A_1/O 生物脱氮活性污泥法、A_2/O 活性污泥法除磷工艺、A^2/O 生物脱氮除磷工艺、氧化沟法（循环混合式活性污泥法）、SBR 间歇式活性污泥法得到广泛应用。

（1）A_1/O 生物脱氮活性污泥法。原理：A_1/O 工艺是将曝气池分为前段缺氧（$DO \leqslant 0.5mg/L$）和后段好氧（$DO = 2.0mg/L$）。将好氧段出水（氨氮已被硝化）部分回流到缺氧段。在微生物作用下，利用进水中 BOD_5 作碳源，利用硝酸盐的结合氧，使硝酸氮还原成 N_2 由水中逸出，完成脱氮。进而在好氧段完成 BOD_5 的去除和氨氮的硝化。处理效率：BOD_5 和 SS 为 $90\% \sim 95\%$，总氮为 70% 以上。低温时脱氮效果明显下降。

与一般的传统活性污泥法相比，A_1/O 工艺的反应池的总停留时间增加（一般为 $8 \sim 12h$），并增加了内回流系统及搅拌设备，扩大了鼓风曝气系统；用电量和运行费用均高于传统活性污泥法。

（2）A_2/O 活性污泥法除磷工艺。A_2/O 工艺曝气池前段为厌氧段，DO 不大于 $0.2mg/L$，回流污泥与进水靠浸没式搅拌器混合接触。此时活性污泥中的聚磷菌向污水中释放磷，然后在后段好氧段进行曝气充氧，DO 等于 $2mg/L$ 左右。此时聚磷菌在好氧状态下从污水中变本加厉摄取磷，从而产生高磷污泥，通过排放剩余污泥的方式将磷去除，而有机物在厌氧-好氧段得到了生物降解而被去除。

该工艺因曝气池总停留时间较短（一般为 2.5～4h），所以其基建费用和运行费用较普通活性污泥法低。A_2/O 工艺较适合于对出水水质要求较严的情况。

（3）A^2/O 生物脱氮除磷工艺。A^2/O 工艺是将曝气池分为厌氧段、缺氧段和好氧段。在厌氧段（$DO < 0.2mg/L$），回流污泥与进水混合，回流污泥中的聚磷菌释放磷，同时 BOD_5 也得到了部分去除，在好氧段污泥中的聚磷菌又变本加厉地吸收磷，污泥成为高磷污泥，通过排放剩余污泥的方式将磷去除。而污水中的氨氮在好氧段被硝化，通过含硝酸盐混合液的内回流方式，使其 NO_3-N 在缺氧段进行反硝化脱氮。该工艺处理效率高，BOD_5 和 SS 为 90%～95%，总氮为 70% 以上，磷为 90% 左右。该工艺的基建费用和运行费用均高于普通活性污泥法，运行管理要求高，一般适用于要求脱氮除磷且处理后的水要排入封闭性或缓流水体引起富营养化的大中型城市污水处理厂。

（4）氧化沟工艺。氧化沟作为传统活性污泥的变型工艺，其曝气呈封闭的沟渠形，由于污水和活性污泥混合在渠内呈循环流动，因此被称为"氧化沟"，又称"环形曝气池"。氧化沟一般采用延时曝气，具有去除 BOD_5 和脱氮的功能，采用机械曝气。同活性污泥法一样，氧化沟的型式和构造也是多种多样的，自从第一座氧化沟问世以来，氧化沟已演变成多种工艺方法和设备，氧化沟的类型有：卡鲁塞尔氧化沟、交替式氧化沟、一体化氧化沟及其他类型氧化沟，包括射流曝气（JAC）系统、U-型氧化沟和采用微孔曝气的逆流氧化沟等。

氧化沟工艺具有工艺流程短、处理效率高、出水水质稳定、运行管理简单等优点；但是对于中、大型污水处理厂，基建费用和运行费用比普通活性污泥高。

（5）间歇式活性污泥法（SBR）工艺。间歇式活性污泥法又称序批式活性污泥法。原污水流入到间歇式曝气池，按时间顺序依次实现进水-反应-沉淀-出水-闲置 5 个基本过程组成的处理周期，并周而复始地进行。该工艺具有均匀水量水质、曝气氧化、沉淀排水 3 种功能。工艺流程简单，基建费用和运行费用均较低，不易产生污泥膨胀，同时对运行方式的调节，可做到脱氮的功效。但工艺要求程序控制，自动化水平较高。

（二）生物膜法

生物膜法是一种通过附着在某种物体上的生物膜来处理废水的好氧处理法，包括生物滤池、生物转盘、生物接触氧化法等工艺。它们在工艺构造、运行管理、要求的水质与环境条件、配套设施等方面均有较大差异。

1. 生物滤池

按生物滤池负荷、处理要求、高度、工艺流程的不同，可将生物滤池分成普通生物滤池、高负荷生物滤池和塔式生物滤池。它们都具有运行过程比较省电、进水悬浮有机物浓度低时管理简单的优点，但它们都具有占地面积大、卫生条件差、易堵塞、不适宜低温环境等缺点。由于应用受到限制，该工艺仅适用于低浓度、低悬浮物的小型污水处理厂。

2. 生物转盘

生物转盘在二级处理系统中是核心构筑物，主要由盘片、转轴和驱动装置、接触反应槽三部分组成。其优点是构造简单、动力消耗低，抗冲击负荷能力强、操作管理方便、污泥净生长量小且稳定性比较好、不发生污泥膨胀、不需污泥回流、具有脱氮和除磷能力。但处理效率易受环境条件影响，卫生条件差。适用于气候温和的地区、水量小的污水处理厂。

3. 生物接触氧化

生物接触氧化其优点是处理能力较大、占地面积小，对冲击负荷适应性强，不发生污泥膨胀现象，污泥产量少且稳定性好，不需污泥回流，出水水质较好，但是布水、布气不易均匀，运行不当易堵塞，适用于含悬浮有机物浓度较低的中小型污水处理厂。

（三）三级处理工艺选择

城市污水经二级处理以后，为了达到更高的水质要求，还需经三级处理。三级处理方法有混凝法或过滤法、吸附法、臭氧氧化法、电渗析、液氯或次氯酸钠氧化。其中，混凝、过滤为常用的方法，有时处理后的水用作循环冷却水系统，补充水时也用吸附处理，其他方法应用较少。

污水三级处理又称为深度处理，其目的是为了满足水环境标准。防止封闭式水域富营养化和满足污水再利用的水质要求，即：（1）去除处理水中残留的悬浮物（包括微生物絮体）；脱色、脱臭等使水进一步得到澄清，一般用过滤，混凝等技术。（2）进一步降低 COD、BOD_5、TOC 等指标以使水质进一步稳定，可采用混凝、过滤、吸附、臭氧氧化等技术。（3）脱氮除磷，消除水体富营养化，可使用 A_1/O 生物脱氮活性污泥法、A_2/O 活性污泥法除磷工艺、A^2/O 生物脱氮除磷工艺。（4）消毒杀菌，去除水中有毒的物质，可用臭氧氧化、液氧或次氯酸钠消毒法。常用三级处理方法比较见表3-6。

表3-6 常用三级处理方法比较

方法	净化对象	处理效果/%			工艺系统与设施	运行管理	占地面积	投资	运行成本
		SS	BOD	COD					
混凝	悬浮有机物	70	40	25	混合、反应、沉淀	简单	大	低	中
过滤	悬浮有机物	65(80)	35(50)	20(35)	（混合、反应）过滤	复杂	中	中	中
吸附	有机悬浮物	90	90	80	过滤、吸附	复杂	大	高	高

注：表中处理效果是指一般城市污水处理厂二级处理水采用该方法能达到的效果。占地面积、投资、运行费用包括整个系统，括号内指接触过滤时的效果。

第四章 自来水厂工程设计

第一节 自来水厂水源的特征

自来水是指通过自来水处理厂净化、消毒后生产出来的水符合国家饮用水标准的供人们生活、生产使用的水或者是井水。

自来水以地表水作为水源，主要是江河水、湖泊水等，所以自来水的水源水质特征符合地表水水质标准。表4-1～表4-3分别为《地表水环境质量标准基本项目标准限值》、《集中式生活饮用水地表水源地补充项目标准限值》、《集中式生活饮用水地表水源地特定项目标准限值》。

表4-1　地表水环境质量标准基本项目标准限制　　　　　　　　　　（mg/L）

序号	标准值分类项目	I类	II类	III类	IV类	V类
1	水温/℃	人为造成的环境水温变化应限制在：周平均最大温升≤1　周平均最大温降≤2				
2	pH值（无量纲）	6～9				
3	溶解氧≥	饱和率90%（或7.5）	6	5	3	2
4	高锰酸盐指数≤	2	4	6	10	15
5	化学需氧量COD≤	15	15	20	30	40
6	氨氮（NH_3-N）≤	0.15	0.5	1.0	1.5	2.0
7	5日生化需氧量BOD_5≤	3	3	4	6	10
8	总磷（以P计）≤	0.02（湖、库0.01）	0.1（湖、库0.025）	0.2（湖、库0.05）	0.3（湖、库0.1）	0.4（湖、库0.2）
9	总氮（湖、库以N计）≤	0.2	0.5	1.0	1.5	2.0
10	铜≤	0.01	1.0	1.0	1.0	1.0
11	锌≤	0.05	1.0	1.0	2.0	2.0
12	氟化物（以F^-计）≤	1.0	1.0	1.0	1.5	1.5
13	硒≤	0.01	0.01	0.01	0.02	0.02
14	砷≤	0.05	0.05	0.05	0.1	0.1
15	汞≤	0.00005	0.00005	0.0001	0.001	0.001
16	镉≤	0.001	0.005	0.005	0.005	0.01
17	铬（六价）≤	0.01	0.05	0.05	0.05	0.1
18	铅≤	0.01	0.01	0.05	0.05	0.1

续表 4-1

序号	标准值分类项目	I类	II类	III类	IV类	V类
19	氰化物 ≤	0.005	0.05	0.2	0.2	0.2
20	挥发酚 ≤	0.002	0.002	0.005	0.01	0.1
21	石油类 ≤	0.05	0.05	0.05	0.5	1.0
22	阴离子表面活性剂 ≤	0.2	0.2	0.2	0.3	0.3
23	硫化物 ≤	0.05	0.1	0.05	0.5	1.0
24	粪大肠菌群/个·升$^{-1}$ ≤	200	2000	10000	20000	40000

表 4-2　集中式生活饮用水地表水源地补充项目标准限值　　　　（mg/L）

序 号	项 目	标 准 值
1	硫酸盐（以 SO_4^{2-} 计）	250
2	氯化物（以 Cl^- 计）	250
3	硝酸盐（以 N 计）	10
4	铁	0.3
5	锰	0.1

表 4-3　集中式生活饮用水地表水源地特定项目标准限值　　　　（mg/L）

序号	项 目	标准值	序号	项 目	标准值
1	三氯甲烷	0.06	21	乙苯	0.3
2	四氯化碳	0.002	22	二甲苯	0.5
3	三溴甲烷	0.1	23	异丙苯	0.25
4	二氯甲烷	0.02	24	氯苯	0.3
5	1,2-二氯乙烷	0.03	25	1,2-二氯苯	1.0
6	环氧氯丙烷	0.02	26	1,4-二氯苯	0.3
7	氯丙烯	0.005	27	三氯苯	0.02
8	1,1-二氯乙烯	0.03	28	四氯苯	0.02
9	1,2-二氯乙烯	0.05	29	六氯苯	0.05
10	三氯乙烯	0.07	30	硝基苯	0.017
11	四氯乙烯	0.04	31	二硝基苯	0.5
12	氯丁二烯	0.002	32	2,4-二硝基甲苯	0.0003
13	六氯丁二烯	0.0006	33	2,4,6-三硝基甲苯	0.5
14	苯乙烯	0.02	34	硝基氯苯	0.05
15	甲醛	0.9	35	2,4-二硝基氯苯	0.5
16	乙醛	0.05	36	2,4-二氯苯酚	0.093
17	丙烯醛	0.1	37	2,4,6-三氯苯酚	0.2
18	三氯乙醛	0.01	38	五氯酚	0.009
19	苯	0.01	39	苯胺	0.1
20	甲苯	0.7	40	联苯胺	0.0002

序号	项　目	标准值	序号	项　目	标准值
41	丙烯酰胺	0.0005	61	内吸磷	0.03
42	丙烯腈	0.1	62	百菌清	0.01
43	邻苯二甲酸二丁酯	0.003	63	甲萘威	0.05
44	邻苯二甲酸二（2-乙基己基）酯	0.008	64	溴清菊酯	0.02
45	水合肼	0.01	65	阿特拉津	0.003
46	四乙基铅	0.0001	66	苯并（a）芘	2.8×10^{-6}
47	吡啶	0.2	67	甲基汞	1.0×10^{-6}
48	松节油	0.2	68	多氯联苯	2.0×10^{-5}
49	苦味酸	0.5	69	微囊藻毒素-LR	0.001
50	丁基黄原酸	0.005	70	黄磷	0.003
51	活性氯	0.1	71	钼	0.07
52	滴滴涕	0.001	72	钴	1.0
53	林丹	0.002	73	铍	0.002
54	环氧七氯	0.0002	74	硼	0.5
55	对硫磷	0.03	75	锑	0.005
56	甲基对硫磷	0.002	76	镍	0.02
57	马拉硫磷	0.05	77	钡	0.7
58	果乐	0.08	78	钒	0.05
59	敌敌畏	0.05	79	钛	0.1
60	敌百虫	0.05	80	铊	0.0001

第二节　自来水厂设计的水质水量及处理程度

一、自来水厂的设计水质

自来水厂设计的水质必须符合现行的《生活饮用水卫生标准》的要求。

二、自来水厂的设计水量

（1）自来水厂的设计水量根据城市用水量来确定。

（2）生活用水：按最高日用水量标准和设计受益人口数确定。因各地用水量存在差别，取值标准 20～40 升/（人·日）。

（3）牲畜用水：按现有牲畜数量和大小牲畜的用水量标准确定。大牲畜用水标准 20 升/（头·日），小牲畜用水量标准 5 升/（只·日）。

（4）工副业用水：依据现状和发展规划用水量合理确定。

（5）公共建筑用水：按生活用水量的 10% 确定。

（6）庭院用水量：一般庭院的农灌用水不宜超过生活用水量的 30%。

（7）管网漏失水量和不可预见用水：取 1~5 项用水量之和的 15%。

（8）水厂自用水：需反冲洗用水的，去 1~5 项用水量之和的 5%。

自来水厂设计的水量为上述各项用水之和。

三、自来水厂的水处理程度要求

自来水厂将原水进行混凝、沉淀、过滤和消毒的常规处理流程后直接供给用户，或集中式供水在入户之前经再度储存、加压和消毒或深度处理后再供给用户。其出水水质要求都需达到《生活饮用水卫生标准》（下称"新标准"）的要求。新标准是 2007 年 7 月 1 日由国家标准委和卫生部联合修订出台后已正式实施，所有自来水厂都将实施更加严格的检测标准。新标准中的 106 项指标被分为常规检验项目和非常规检验项目两类。其中，常规检验项目 42 项，各地必须统一检定；非常规检验项目 64 项。

表 4-4　水质常规检测项目及限值

项　　目	限　　值
1. 微生物指标	
总大肠菌群含量（MPN/100mL 或 CFU/100mL）	不得检出
耐热大肠菌群含量（MPN/100mL 或 CFU/100mL）	不得检出
大肠埃希氏菌含量（MPN/100mL 或 CFU/100mL）	不得检出
菌落总数/CFU $\cdot$ mL^{-1}	100
2. 毒理指标	
砷含量/mg $\cdot$ L^{-1}	0.01
镉含量/mg $\cdot$ L^{-1}	0.005
铬含量（六价）/mg $\cdot$ L^{-1}	0.05
铅含量/mg $\cdot$ L^{-1}	0.01
汞含量/mg $\cdot$ L^{-1}	0.001
硒含量/mg $\cdot$ L^{-1}	0.01
氰化物含量/mg $\cdot$ L^{-1}	0.05
氟化物含量/mg $\cdot$ L^{-1}	1.0
硝酸盐含量（以 N 计）/mg $\cdot$ L^{-1}	10，水源限制时 20
三氯甲烷含量/mg $\cdot$ L^{-1}	0.06
四氯化碳含量/mg $\cdot$ L^{-1}	0.002
溴酸盐含量（使用臭氧时）/mg $\cdot$ L^{-1}	0.01
甲醛含量（使用臭氧时）/mg $\cdot$ L^{-1}	0.9
亚氯酸盐含量（使用二氧化氯消毒时）/mg $\cdot$ L^{-1}	0.7
氯酸盐含量（使用复合二氧化氯消毒时）/mg $\cdot$ L^{-1}	0.7

续表 4-4

项　目	限　值
3. 感官性状和一般化学指标	
色度（铂钴色度单位）	15
浑浊度（NTU-散射浊度单位）	1，水源与净水技术条件限制时为 3
臭和味	无异臭、异味
肉眼可见物	无
pH 值	大于 6.5；小于 8.5
溶解性总固体/mg·L^{-1}	1000
总硬度（以 CaCO$_3$ 计）/mg·L^{-1}	450
耗氧量（COD$_{Mn}$法，以 O$_2$ 计）/mg·L^{-1}	3，超过Ⅲ类水源，原水大于 6mg/L 时为 5
挥发酚类（以苯酚计）/mg·L^{-1}	0.002
阴离子合成洗涤剂/mg·L^{-1}	0.3
铝含量/mg·L^{-1}	0.2
铁含量/mg·L^{-1}	0.3
锰含量/mg·L^{-1}	0.1
铜含量/mg·L^{-1}	1.0
锌含量/mg·L^{-1}	1.0
氯化物含量/mg·L^{-1}	250
硫酸盐含量/mg·L^{-1}	250
4. 放射性物质	
总 α 放射性/Bq·L^{-1}	0.5
总 β 放射性/Bq·L^{-1}	1

表 4-5　水质常规检验项目（根据所使用的消毒剂确定检验项目）

消毒剂名称	接触时间	出厂水中限值	出厂水中余量	管网末梢水中余量
氯气及游离氯制剂（游离氯含量）/mg·L^{-1}	与水接触至少 30min 出厂	4	≥0.3	≥0.05
氯胺含量（总氯）/mg·L^{-1}	与水接触至少 120min 出厂	4	≥0.5	≥0.05
臭氧含量（O$_3$）/mg·L^{-1}	与水接触至少 12min 出厂	0.3		0.02；如加氯，总氯≥0.05
二氧化氯含量（ClO$_2$）/mg·L^{-1}	与水接触至少 30min 出厂	0.8	≥0.1	≥0.02

表 4-6　水质非常规检验项目及限值

项　目	限　值
1. 微生物指标	
贾第鞭毛虫/个·10L^{-1}	小于 1
隐孢子虫/个·10L^{-1}	小于 1
2. 毒理指标	
锑含量/mg·L^{-1}	0.005

项　目	限　值
钡含量/mg·L^{-1}	0.7
铍含量/mg·L^{-1}	0.002
硼含量/mg·L^{-1}	0.5
钼含量/mg·L^{-1}	0.07
镍含量/mg·L^{-1}	0.02
银含量/mg·L^{-1}	0.05
铊含量/mg·L^{-1}	0.0001
氯化氰含量（以 CN$^-$ 计）/mg·L^{-1}	0.07
三卤甲烷（三氯甲烷、一氯二溴甲烷、二氯一溴甲烷、三溴甲烷之总和）	该类化合物中每种化合物的实测浓度与其各自限值的比值之和不超过 1
一氯二溴甲烷含量/mg·L^{-1}	0.1
二氯一溴甲烷含量/mg·L^{-1}	0.06
三溴甲烷含量/mg·L^{-1}	0.1
二氯甲烷含量/mg·L^{-1}	0.02
1，2-二氯乙烷含量/mg·L^{-1}	0.03
1，1，1-三氯乙烷含量/mg·L^{-1}	2
环氧氯丙烷含量/mg·L^{-1}	0.0004
氯乙烯含量/mg·L^{-1}	0.005
1，1-二氯乙烯含量/mg·L^{-1}	0.03
1，2-二氯乙烯含量/mg·L^{-1}	0.05
三氯乙烯含量/mg·L^{-1}	0.07
四氯乙烯含量/mg·L^{-1}	0.04
六氯丁二烯含量/mg·L^{-1}	0.0006
二氯乙酸含量/mg·L^{-1}	0.05
三氯乙酸含量/mg·L^{-1}	0.1
三氯乙醛含量（水合氯醛）/mg·L^{-1}	0.01
苯含量/mg·L^{-1}	0.01
甲苯含量/mg·L^{-1}	0.7
二甲苯含量/mg·L^{-1}	0.5
乙苯含量/mg·L^{-1}	0.3
苯乙烯含量/mg·L^{-1}	0.02
2，4，6-三氯酚含量/mg·L^{-1}	0.2
苯并（a）芘含量/mg·L^{-1}	0.00001
氯苯含量/mg·L^{-1}	0.3
1，2-二氯苯含量/mg·L^{-1}	1

项　目	限　值
1, 4-二氯苯含量/mg·L^{-1}	0.3
三氯苯含量（总量）/mg·L^{-1}	0.02
邻苯二甲酸二（2-乙基己基）酯含量/mg·L^{-1}	0.008
丙烯酰胺含量/mg·L^{-1}	0.0005
微囊藻毒素-LR 含量/mg·L^{-1}	0.001
甲草胺含量/mg·L^{-1}	0.02
灭草松含量/mg·L^{-1}	0.3
百菌清含量/mg·L^{-1}	0.01
滴滴涕含量/mg·L^{-1}	0.001
溴氰菊酯含量/mg·L^{-1}	0.02
乐果含量/mg·L^{-1}	0.08
2, 4-滴含量/mg·L^{-1}	0.03
七氯含量/mg·L^{-1}	0.0004
六氯苯含量/mg·L^{-1}	0.001
六六六含量（总量）/mg·L^{-1}	0.005
林丹含量（γ－六六六）/mg·L^{-1}	0.002
马拉硫磷含量/mg·L^{-1}	0.25
对硫磷含量/mg·L^{-1}	0.003
甲基对硫磷含量/mg·L^{-1}	0.02
五氯酚含量/mg·L^{-1}	0.009
莠去津含量/mg·L^{-1}	0.002
呋喃丹含量/mg·L^{-1}	0.007
毒死稗含量/mg·L^{-1}	0.03
敌敌畏含量（含敌百虫）/mg·L^{-1}	0.001
草甘膦含量/mg·L^{-1}	0.7
3. 感官性状和一般化学指标	
氨氮含量（以 N 计）/mg·L^{-1}	0.5
磷酸盐含量（只用于加磷酸盐类缓蚀阻垢剂，以 PO_4^{3-} 计）/mg·L^{-1}	5
硫化物含量/mg·L^{-1}	0.02
钠含量/mg·L^{-1}	200

第三节　自来水厂工艺流程的设计

一、选定处理工艺流程应考虑的因素

自来水厂的工艺流程指的是保证处理水达到所要求的处理程度的前提下，所采用的处理技术各单元的有机组合。在选定处理工艺流程的同时，还需要考虑确定各处理技术单元构筑物的型式，两者互为制约，互为影响。

自来水厂设计工艺流程的选定，主要以下列各项因素作为依据。

（一）水处理程度

水处理程度是设计工艺流程选定的主要依据，而水的处理程度要求符合《生活饮用水卫生标准》。一般经常规处理流程混凝、沉淀、过滤和消毒后即可达到出水水质要求。当然，对于特殊的水源水则需考虑是否要完善处理流程，采取深度处理。

（二）工程造价与运行费用

工程造价与运行费用也是影响工艺流程选定的重要因素，处理水达到水质标准是前提条件。这样，以原水水质、水量及其他自然状况为已知条件，以处理水应达到的水质指标为制约条件，而以处理系统最低的总造价和运行费用为目标函数，建立三者之间的互相关系。

减少占地面积也是降低建设费用的重要措施，从长远考虑，它对自来水厂的经济效益和社会效益有着重要的影响。

（三）当地的各项条件

当地的地形、气候等自然条件及城市规划也对自来水厂处理工艺流程的选定具有一定的影响。当地的原材料与电力供应等具体问题，也是选定处理工艺应当考虑的因素。

（四）原水的水量与水质

根据原水水量与水质的不同来选择不同的处理方式，选定合适尺寸的构筑物。

总之，自来水厂设计工艺流程的选定是一项比较复杂的系统工程，必须对上述各项因素加以综合考虑，进行多种方案的经济技术比较，必要时应当进行深入的调查研究和试验研究工作，这样才有可能选定技术可行、先进、经济合理的处理工艺流程。

二、自来水厂处理工艺的典型流程

一般自来水厂的生产流程可分为四道生产工序。

（1）第一道生产工序——混凝过程（反应过程）。其过程包括"原水→混合槽→网格反应池"。原水是指未经加工的自来水、生产用水，通常原水中都带有诸如藻类、腐殖质、泥沙之类的轻微颗粒。这时自来水生产的第一道工序就是在原水中投加"净水剂"——碱式氯化铝（俗称矾），碱式氯化铝在原水中可产生正电荷，令水中的轻微颗粒受静电作用而形成较大的颗粒团，以易于沉淀。而"前加氯"则可根据原水情况选择是否投加，其作用主要有：1）助凝剂。主要是氧化水中的腐殖质和胶体，使之能产生混凝沉淀；2）杀藻剂。根据原水中的藻类含量多少而决定是否投加（水中藻类的含量过高会产生异味）。"前加泥"是水中藻类过多时，增加水中的吸附能力，使净水剂能起到更有效的作用。"前加碱"是原水 pH 值过低时，影响水体的混凝沉淀效果，故要投加石灰等碱类，增加水的沉淀效果，并使其出厂水 pH 值保持在中性。原水在投加净水剂等多项药剂之后，再经过混合槽和网格反应池，这样水中的轻微颗粒就有足够的时间形成较大的颗粒团。

（2）第二道生产工序——沉淀过程。其过程包括"网格反应池→斜管沉淀池"。这时，原水从网格反应池流入斜管沉淀池，在水中较大的颗粒团在通过沉淀池的斜板时，就会附着并沉淀到斜板的底层，经此处理后的水质变得近乎清澈如镜。而沉淀下来的污泥定期经排泥车排走，保持沉淀池的洁净。

（3）第三道生产工序——过滤过程。其过程包括"斜管沉淀池→气水反冲洗滤池→清水池"。潺潺清流顺着斜管沉淀池上面的集水槽汇集流入滤池，水中的细微杂质被滤池中的滤沙过滤和吸附之后（当滤沙中的细微杂质累积到一定程度后，滤池也要定期进行"气水反冲洗"清洗，以保持良好过滤效果），洁净澄清的滤后水沿着管道流往清水池进行储存。

（4）第四道生产工序——消毒过程。其过程包括"清水池→加氯消毒→出水"。水经过滤后，浊度进一步降低，同时亦使残留细菌、病毒等失去浑浊物保护或依附，为滤后消毒创造良好条件。消毒并非把微生物全部消灭，只要求消灭致病微生物。水经混凝、沉淀和过滤，可以除去大多数细菌和病毒，消毒则起到了保证其饮用达到饮用水细菌学指标的作用，同时它使城市水管末梢保持一定余氯量，以控制细菌繁殖且预防污染。消毒的加氯量（液氯）在 $1.0 \sim 2.5 \mathrm{g/m^3}$ 之间。主要是通过氯与水反应生成的次氯酸在细菌内部起氧化作用，破坏细菌的酶系统而使细菌死亡。消毒后的水由清水池经送水泵房提升达到一定的水压，再通过输、配水管网送给千家万户。

一般自来水厂工艺流程图，如图 4-1 所示。

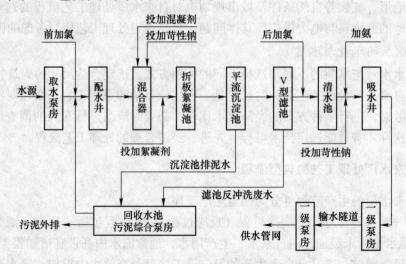

图 4-1　自来水厂工艺流程图

根据自来水水源水质的情况，有时需要进行深度处理，其工艺流程有：

（1）工艺一。原水→混合池→絮凝池→沉淀池→生物接触氧化池→滤池→消毒池→清水池→出水。根据《饮用水强化处理》可知：生物接触氧化对 COD_{Mn} 的处理效果达到 50%~80%，对氨氮的处理效果达到 75%~99%。而根据"改进石英砂滤料常规处理法"可知：常规处理法对 COD_{Mn} 的处理效果达到 20%~50%，对氨氮的处理效果达到 70% 左右。其工艺要求在混凝、沉淀之后需将水的 NTU 控制在小于 40°；水温通过在室内建立生物接触氧化池保证水温在 5℃ 以上，从而不会抑制生物膜的增长；对浊度、亚硝酸盐氮、大肠菌群数均有 30% 以上的处理效果，对色度有 5%~8% 的处理效果。

（2）工艺二。原水→混合池→絮凝池→沉淀池→滤池→臭氧-活性炭→消毒池→清水池

→出水。根据《微污染水源净水技术及工程实例》得知，此工艺深度处理法控制流速在 3～7.2m/h 对 COD_{Mn} 的处理效果达到 62%～80%，对氨氮的处理效果达到 60%～90% 左右。

第四节 自来水厂设计构筑物的选型

一、蓄水池

蓄水池用以储蓄原水，在枯水期、丰水期有平衡水量的作用。蓄水池有开敞式圆形蓄水池、开敞式矩形蓄水池、封闭式圆形蓄水池、封闭式矩形蓄水池。矩形蓄水池的池体组成、附属设施、墙体结构与圆形蓄水池基本相同，不同的只是根据地形条件将圆形变为矩形。但矩形蓄水池的结构受力条件不如圆形池好，拐角处是薄弱环节，需采取防范加固措施。开敞式多是季节性蓄水池，不具备防冻、防蒸发功效。封闭式蓄水池池体大部分设在地面以下，它增加了防冻保温功效，保温防冻层厚度设计要根据当地气候情况和最大冻土层深度确定，保证池水不发生结冰和冻胀破坏。但其经济投资与运行费用都远比开敞式蓄水池多。一般可根据处理水量的大小、经济适用、管理方面的原则来设计蓄水池的型号（见图4-2）。

图4-2 开敞式矩形蓄水池

二、混凝池（反应池）

指污水完成絮凝过程的池子，一般对池体大小、池型无过多要求。

三、沉淀池

沉淀池一般是在生化前或生化后泥水分离的构筑物，多为分离颗粒较细的污泥。在生化之前的称为初沉池，沉淀的污泥无机成分较多，污泥含水率相对于二沉池污泥低些。位于生化之后的沉淀池一般称为二沉池，多为有机污泥，污泥含水率较高。在自来水处理中，沉淀池一般放在混凝池后面用于泥水分离。若进行深度处理，则需要设计二沉池。沉淀池按池内水流方向的不同，可分为平流式沉淀池、辐流式沉淀池和竖流式沉淀池（见图4-3）。

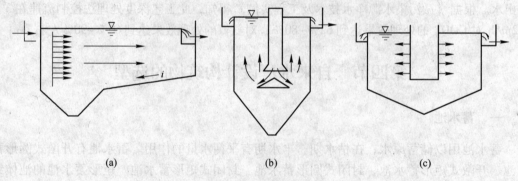

图4-3　沉淀池示意图

（a）平流式；（b）竖流式；（c）辐流式

（一）平流式

平流式由进、出水口、水流部分和污泥斗三个部分组成。平流式沉淀池多用混凝土筑造，也可用砖石圬工结构，或用砖石衬砌的土池。平流式沉淀池构造简单，沉淀效果好，工作性能稳定，使用广泛，但占地面积较大。若加设刮泥机或对比重较大沉渣采用机械排除，可提高沉淀池工作效率。

（1）进水区。通过混凝处理后的水先进入沉淀池的进水区，进水区内设有配水渠和穿孔墙，如图4-4所示，配水渠墙上配水孔的作用是使进水均匀分布在整个池子的宽度上，穿孔墙的作用是让水均匀分布在整个池子的断面上。为了保证穿孔墙的均匀补水，穿孔墙的开孔率应为断面面积的6%~8%，孔径为125mm左右。配水孔沿水流方向做成喇叭状，孔口流速应在0.2~0.3m/s，最上一排孔应淹没在水面下12~15cm处，最下一排孔应距污泥区以上0.3~0.5m处，以免将已沉降的污泥再冲起来。

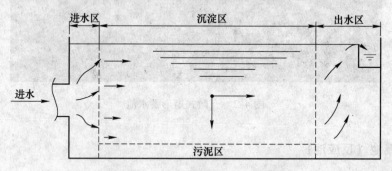

图4-4　平流式沉淀池的结构示意图

（2）沉淀区。沉淀区是沉淀池的核心，其作用是完成固体颗粒与水的分离。此斜管填料固体颗粒速度为水平流速v和沉降速度u的合成，一边向前行进一边沉降。

（3）出水区。出水区的作用是均匀收集经沉淀区沉降后的水，使其进入出水渠后流出池外。为了保证在整个沉淀池宽度上均匀集水且不让水流将已沉到池底的悬浮颗粒带出池外，必需合理设计出水渠的进水结构。图4-5显示出了三种常见结构图：图4-5（a）为溢流堰式，这种形式结构简单，但堰顶必须水平，无烟煤滤料才能保证出水均匀；图4-5（b）为淹没孔口式，它是在出水渠内墙上均匀布孔，尽量保证每个小孔流量相等；图4-5

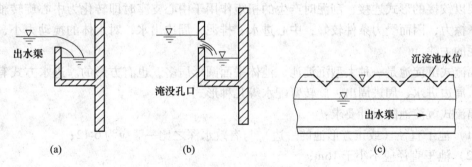

图 4-5　出水区布置

（a）溢流堰式；（b）淹没孔口式；（c）三角堰式

（c）为三角堰式，为保证整个堰 n 的流量相等，堰应该用薄壁材料制作，堰顶应在同一个水平线上。

（4）污泥区。污泥区的作用是收集从沉淀区沉下来的悬浮颗粒，这一区域的深度和结构与沉淀区的排泥方法有关。

平流式沉淀池基本设计要求：

（1）平流式沉淀池的长度多为 3050m，池宽多为 510m，沉淀区有效水深一般不超过 3m，多为 2.5 ~ 3.0m，为保证水流在池内的均匀分布一般长宽比不小于 4:1，长深比为 8:2。

（2）采用机械刮泥时，在沉淀池的进水端设有污泥斗，池底的纵向污泥斗坡度不能小于 0.01，一般为 0.01 ~ 0.02。刮泥机的行进速度不能大于 1.2m/min，一般为 0.6 ~ 0.9m/min。

（3）平流式沉淀池作为初沉池时表面负荷为 13m³/（m²·h），最大水平流速为 7mm/s，作为二沉池时最大水平流速为 5mm/s。

（4）入口要有整流措施，常用的入流方式有：溢流堰-穿孔整流墙板式、底孔入流-挡板组合式、淹没孔入流-挡板组合式和淹没孔入流-穿孔整流墙板组合式四种。使用穿孔整流墙板式时，整流墙上的开孔总面积为过水断面的 6% ~ 20%，孔口处流速为 0.15，孔口应当做成渐扩形状。

（5）在进出口处均应设置高出水面 0.1 ~ 0.15m 的挡板。进口处挡板淹没深度不应小于 0.25m，一般为 0.5 ~ 1.0m，出口处挡板淹没深度一般为 0.3 ~ 0.4m。进口处挡板距进水口 0.5 ~ 1.0m，出口处挡板距出水堰板 0.25 ~ 0.5m。

（6）平流式沉淀池容积较小时可使用穿孔管排泥。穿孔管大多布置在集泥斗内，也可布置在水平池底上。沉淀池采用多斗排泥时，泥斗平面呈方形或近于方形的矩形，排数一般不能超过两排。大型平流式沉淀池一般都设置刮泥机，将池底污泥从出水端刮向进水端的污泥斗，同时将浮渣刮向出水端的集渣槽。

（7）高浓度有机废水平流式沉淀池非机械排泥时缓冲层高度为 0.5m，使用机械排泥时缓冲层上缘宜高出刮泥板 0.3m。

（二）辐流式

辐流式沉淀池半桥式周边传动刮泥活性污泥法处理污水工艺过程中，沉淀池的理想配套设备适用于一沉池或二沉池，主要功能是去除沉淀池中沉淀的污泥以及水面表层的漂浮物。一般适用于大中池径沉淀池。周边传动，传动力矩大，而且相对节能；中心支座与旋转桁架以铰接的形式连接，刮泥时产生的扭矩作用于中心支座时即转化为中心旋转轴承的圆周摩擦力，因而受力条件较好；中心进水、排泥，周边出水，对水体的搅动力小，有利于污泥的去除。

辐流式沉淀池是一种大型沉淀池，池体平面圆形居多，也有方形的。进水方式有中心进水、周边进水、周进周出、旋转臂配水等几种形式。

辐流式沉淀池的设计要求：

（1）池子直径（或正方形池的一边）与有效水深之比一般应为6:12；

（2）池子直径应不小于16m；

（3）池底坡度一般采用0.05；

（4）进、出水的布置方式有以下几种可供选择：1）中心进水，周边出水（见图4-6）；2）周边进水，中心出水（见图4-7）；3）周边进水，周边出水（见图4-8）。

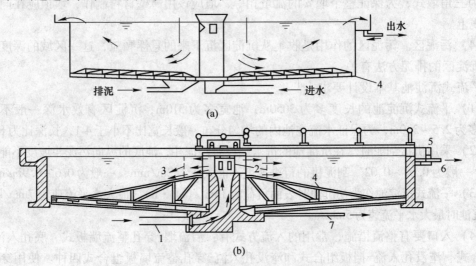

图4-6　中心进水周边出水的辐流式沉淀池

（a）简易剖面图；（b）流程图

1—进水管；2—中心管；3—穿孔挡板；4—刮泥机；
5—出水槽；6—出水管；7—排泥管

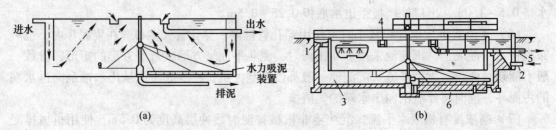

图4-7　周边进水中心出水的辐流式沉淀池

（a）简易剖面图；（b）流程图

1—进水槽；2—进水管；3—挡板；4—出水槽；5—出水管；6—排泥管

（5）在中心进水口的周围应设置整流板，整流板上的开孔面积为池断面面积的10%～20%。

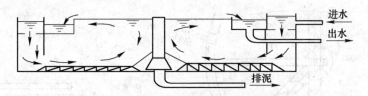

图 4-8　周边进水周边出水的辐流式沉淀池

（6）周边进水中心出水的辐流式沉淀池设计表面负荷可比中心进水周边出水辐流式沉淀池的负荷提高 1 倍左右。

（7）辐流式沉淀池多采用机械刮泥，有的同时附有空气提升或静水头排泥的设施（见图 4-9）。

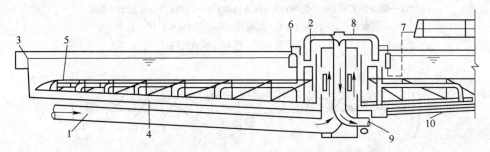

图 4-9　带有空气吸泥装置的中央驱动式辐流沉淀池
1—进口；2—挡板；3—堰；4—刮板；5—吸泥管；6—冲洗管的空气开液器；
7—压输空气入口；8—排泥虹吸管；9—污泥出口；10—放空管

（8）池子直径（或正方形池的一边）小于 20m 时，也可采用多斗式水力排泥（见图 4-10）。

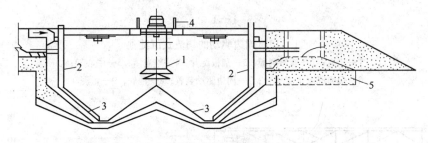

图 4-10　多斗水力排泥的辐流式沉淀池
1—中心管；2—排泥管（$D=200$）；3—污泥斗；4—栏杆；5—沙垫

（9）刮泥机的传动方式随池径不同分为两类：1）当池径小于 20m 时，一般采用中心传动的方式，其驱动装置设在池中心的走道板上（见图 4-11）；2）当池径大于 20m 时，一般采用周边传动方式，其驱动装置设于桁架的外缘（见图 4-12）。

（10）刮泥机的旋转速度一般为 1~3r/h（即相当于 0.02–0.05r/min），池外周边刮泥板的线速度不超过 3m/min，一般采用 1.5m/min。

（11）池子出水堰前应设浮渣挡板以防浮渣随水带出，可在刮泥机一侧附加浮渣刮板，将浮渣刮入集渣箱排出（见图 4-13）。

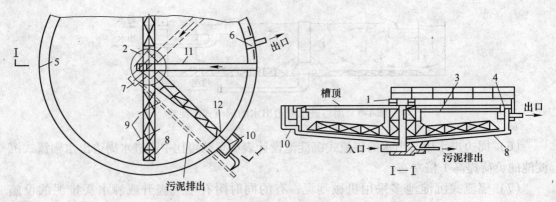

图 4-11　中心驱动的辐流式沉淀池

1—驱动装置；2—整流筒；3—撇渣挡板；4—堰板；5—周边出水槽；

6—出水井；7—污泥斗；8—刮泥板桁架；9—刮板；10—污泥井；

11—固定桥；12—球阀式撇渣机构

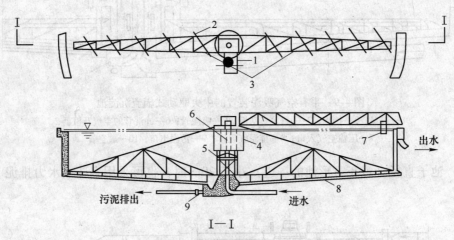

图 4-12　周边驱动的辐流式沉淀池

1—步道；2—弧形刮板；3—刮板旋臂；4—整液筒；5—中心架；

6—钢筋混凝土支承台；7—周边驱动装置；8—池底；9—污泥斗

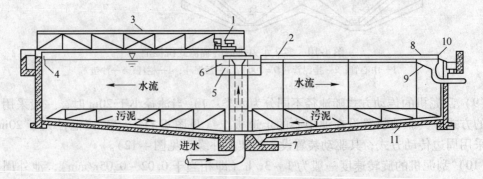

图 4-13　辐射式沉淀池的浮渣刮除

1—驱动装置；2—装在桁架一侧的刮渣板；3—桥；4—浮渣挡板；5—转动挡板；

6—转筒；7—排泥管；8—浮渣刮板；9—浮渣箱；10—出水堰；11—刮泥板

辐流式沉淀池的优点：采用机械排泥，运行较好，设备较简单，排泥设备已有定型产品，沉淀性效果好，日处理量大，对水体搅动小，有利于悬浮物的去除；缺点：池水水流速度不稳定，受进水影响较大。底部刮泥、排泥设备复杂，对施工单位的要求高，占地面积较其他沉淀池大，一般适用于大、中型污水处理厂。

（三）竖流式

竖流式沉淀池又称立式沉淀池，是池中废水竖向流动的沉淀池。池体平面图形为圆形或方形，水由设在池中心的进水管自上而下进入池内（管中流速应小于30mm/s），管下设伞形挡板，使废水在池中均匀分布后沿整个过水断面缓慢上升，悬浮物沉降进入池底锥形沉泥斗中，澄清水从池四周沿周边溢流堰流出。堰前设挡板及浮渣槽以截留浮渣保证出水水质。池的一边靠池壁设排泥管（直径大于200mm）靠静水压将泥定期排出。竖流式沉淀池中，水流方向与颗粒沉淀方向相反，其截留速度与水流上升速度相等，上升速度等于沉降速度的颗粒将悬浮在混合液中形成一层悬浮层，对上升的颗粒进行拦截和过滤。因而竖流式沉淀池的效率比平流式沉淀池要高（见图4-14、图4-15）。

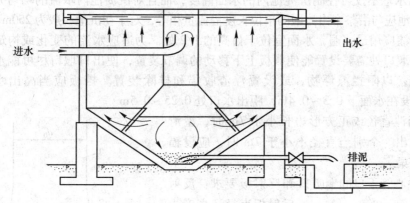

图 4-14　竖流式沉淀池

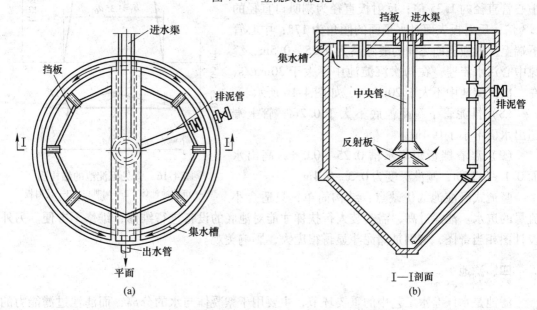

图 4-15　竖流式沉淀池平面（a）、Ⅰ—Ⅰ剖面图（b）

竖流式沉淀池设计要求：

（1）竖流式沉淀池的平面可为圆形、正方形或多角形。池的直径或池的边长一般不大于8m，通常为4～7m，也有超过10m的。为了降低池的总高度，污泥区可采用多只污泥斗的方式。

（2）竖流式沉淀池的深、宽（径）比一般不大于3，通常取2。污水在中心管内的流速对悬浮颗粒的去除有一定的影响。当中心管底部不设反射板时，其流速不应大于30mm/s，如设置反射板，流速可取100mm/s。在反射板的阻挡下，水流由垂直向下变成向反射板四周分布。水从中心管喇叭口与反射板间流出的速度一般不大于20mm/s，水流自反射板四周流出后均匀地分布于整个池中，并以上升流速v缓慢地由下而上流动，可使颗粒向下沉至污泥区，经过澄清后的上清液从设置在池壁顶端的堰口溢出，通过出水槽流出池外。

（3）沉淀池的几何尺寸。沉淀池高不少于0.3m；缓冲层高采用0.3～0.5m；储泥斗斜壁的倾角，方斗不宜小于60°，圆斗不宜小于55°；排泥管直径不小于200mm。

（4）沉淀池最大出水负荷，初沉池不宜大于2.9L/（s·m）。

（5）出水堰不仅可控制沉淀池内的水面高度，而且对沉淀池内水流的均匀分布有直接影响。沉淀池应与沿整个出流堰的单位长度溢流量相等，对于初沉池一般为250m³/（m·d）。锯齿形三角堰应用最普遍，水面宜位于齿高的1/2处。为适应水流的变化或构筑物的不均匀沉降，在堰口处需要设置能使堰板上下移动的调节装置，使出口堰口尽可能水平。堰前应设置挡板，以阻拦漂浮物，或设置浮渣收集和排除装置。挡板应当高出水面0.1～0.15m，浸没在水面下0.3～0.4m，距出水口处0.25～0.5m。

（6）当池直径或正方形边长小于7m时，澄清水沿周边流出。个别当直径不小于7m时，应设辐射式集水支渠。

（7）中心管下口的喇叭口和反射板要求：反射板板底距泥面不小于0.3mm；反射板直径及高度为中心管直径的1.35倍；反射板直径为喇叭口直径的1.3倍；反射板表面对水平面的倾角为17°；中心管下端至反射板表面之间的缝隙高为0.25～0.5m，缝隙中心污水流速，在初次沉淀池中不大于30mm/s，在二次沉淀池中不大于20mm/s，如图4-16所示。

（8）排泥管下端距池底不大于0.2m，管上端超出水面不小于0.4m。

（9）浮渣挡板距集水槽0.25～0.5m，高出水面0.1～0.15m，淹没深度为0.3～0.4m。

竖流式沉淀池的优缺点：结构简单，只适合小流量的进水。池深过高，需安装人行扶梯才能对池底的设备进行维修，维修不方便。另外设计图相当奇怪，特别是储泥斗显得很庞大，影响美观。

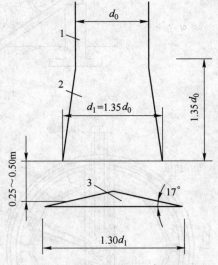

图4-16 常见沉淀池的结构图
1—沉淀池池体；2—喇叭口；3—反射板

四、滤池

滤池是水厂净水工艺中的重要环节，主要用于絮凝体与水的分离，而滤池过滤能力的再生是滤池稳定高效运行的关键。一般自来水厂采用 V 型滤池。V 型滤池采用了较粗、较厚的均匀颗粒的石英砂滤层；采用了不使滤层膨胀的气、水同时反冲洗，兼有待滤水表面扫洗的方式；采用了气势分布空气和专用的长柄滤头进行气、水分配等工艺。它具有出水水质好、滤速快、运行周期长、反冲洗效果好、节能和便于自动化管理等特点。一般滤池的工艺过程简图如图 4-17 所示。

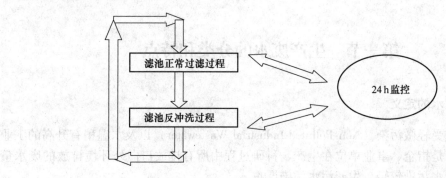

图 4-17　滤池工艺过程简图

五、清水池

清水池是将过滤后的洁净澄清的滤后水沿着管道流往其内部进行储存，并在清水中再次投加入液氯进行一段时间消毒，对水体的细菌、大肠杆菌等病菌进行杀灭，达到消毒的效果的构筑物。

第五章　生产废水处理设施设计

第一节　生产废水的分类和特点

一、生产废水的定义

未受污染或受轻微污染（Non-Polluted Industrial Wastewater）以及水温稍有升高的工业废水。生产废水是指企、事业单位在生产、科研过程中所有排放口向外环境排放的废水量的总和。生产废水污染较轻，生产污水污染严重。

对于生产废水而言，生产类废水具有水量小、成分复杂、排放时间不规律等特点，且采用分批排放，各批次废水水质组分均不相同。介于此，拟采用分批处理的方法，针对各批次不同组分的废水，采用不同的处理方法，从而在达到排放标准的同时，更能降低运营成本。

对于其中的生活污水，通常含有多种细菌、病毒、寄生虫卵和一些有毒、有害物质，对于这类污染物，如今有大量的实践案例作为技术支撑。从经济有效的角度进行技术筛选，在技术可行的同时，考虑建设和运营成本，采用既能达到处理效果，又能最大限度降低成本的工艺。

生产废水是区别于生活污水而言的，含义很广。由于工业类型繁多，而每种工业又由多段工艺组成，故产生的废水性质完全不同，成分也很复杂。虽然部分污染指标和城市污水相同，但其浓度或数值常常与城市污水相差非常大。比如说某些生产废水中 COD 浓度高达几千甚至上万，而城市污水一般多为几百左右。另外生产废水的可生化性一般来说要比城市污水差得多；重金属和其他有毒有害物质的浓度也常常比城市污水高很多。这些都加大了生产废水的处理难度。

生产废水中的某种污染物，可以由以下方面原因或多方面原因引起：

（1）该污染物是生产过程中的一种原料；

（2）该污染物是生产原料中的杂质；

（3）该污染物是生产的产品；

（4）该污染物是生产过程的副产品；

（5）该污染物是废水排放前预处理或处理过程中因输送、投加药剂等原因或其他偶然因素造成的。根据生产废水所含的主要有害物质，划分其来源，见表 5-1。

表 5-1　生产废水中主要有害物质及其来源

序号	有害物质	废水主要来源
1	酸	化工、矿山、钢铁、有色金属冶炼、机械、电镀工业等
2	碱	化纤、制碱、造纸、印染、皮革、电镀工业及石油炼厂等

序号	有害物质	废水主要来源
3	汞及其化合物	氯碱、炸药、汞制剂农药、化工、仪表、电镀、汞精炼工业等
4	镉及其化合物	金属矿山、冶炼、电镀、化工、金属处理、电池、特种玻璃工业等
5	六价镉及其化合物	矿山、冶炼、电镀、化工、金属处理、电池、特种玻璃工业等
6	砷及其化合物	矿石处理、制药、冶炼、化工、玻璃、涂料、农药、化肥工业等
7	酚	焦化、煤气、炼油、合成树脂、化工、燃料、制药工业等
8	氰化物	焦化、煤气、电镀、金属清洗、有机玻璃、炼油工业及黄金工业等
9	铅及其化合物	冶炼、化工、农药、汽油防爆、含铅油漆、搪瓷工业等
10	油	炼油、机械、食品加工、油田、天然气加工工业等
11	硫化物	化工、皮革、煤气、焦化、染色、粘胶纤维、炼油、油田、天然气加工工业等
12	游离氯	造纸、织物漂白、化工工业等
13	有机磷、有机氯	农药、化工工业等
14	多氯联苯	电力、塑料、润滑油工业等
15	放射性物质	原子能工业、放射性同位素实验室、医院、武器生产等

二、生产废水的分类

工业生产企业的各种生产过程中排出的废水，统称工业废水，其中包括了生产污水、冷却水和生活污水 3 种。

为了区分工业废水的种类，了解其性质，认识其危害，研究其处理措施，通常进行废水分类，一般有 3 种分类方法：

（1）按行业的产品加工对象分类。如冶金废水、造纸废水、炼焦煤气废水、金属酸洗废水、纺织印染废水、制革废水、农药废水、化学肥料废水等。

（2）按工业废水中所含主要污染物的性质分类。含无机污染物为主的称为无机废水，含有机污染物为主的称为有机废水。例如，电镀和矿物加工过程的废水是无机废水，食品或石油加工过程的废水是有机废水。这种分类方法比较简单，对考虑处理方法有利。如对易生物降解的有机废水一般采用生物处理法，对无机废水一般采用物理法、化学法和物理化学法处理。不过，在工业生产过程中，一种废水往往既含无机物，也含有机物。

（3）按废水中所含污染物的主要成分分类。如酸性废水、碱性废水、含酚废水、含镉废水、含铬废水、含锌废水、含汞废水、含氟废水、含有机磷废水、含放射性废水等。这种分类方法的优点是突出了废水的主要污染成分，可有针对性地考虑处理方法或进行回收利用。

除上述分类方法外，还可以根据工业废水处理的难易程度和废水的危害性，将废水分为 3 类：

（1）易处理危害小的废水。如生产过程中产生的热排水或冷却水，对其稍加处理，即可排放或回用。

（2）易生物降解，无明显毒性的废水。

（3）难生物降解又有毒性的废水。如含重金属废水，含多氯联苯和有机氯农药废水等。

上述废水的分类方法只能作为了解污染源时的参考。实际上，一种工业可以排出几种不同性质的废水，而一种废水又可能含有多种不同的污染物。例如染料工业，既排出酸性废水，又排出碱性废水。纺织印染废水由于织物和染料的不同，其中的污染物和浓度往往有很大差别。

三、生产废水的特点

由于工业的迅速发展，工业废水的水量及水质污染量都很大。它是最重要的污染源，具有以下几个特点：

（1）排放量大，污染范围广，排放方式复杂。工业生产用水量大，相当一部分生产用水都携带原料、中间产物、副产物及终产物等。工业企业遍布全国各地，污染范围广，不少产品在使用中又会产生新的污染。如全世界化肥施用量每年约 5 亿吨，农药 200 多万吨，使遍及全世界广大地区的地表水和地下水都受到不同程度的污染。工业废水的排放方式复杂，有间歇排放、连续排放、有规律排放和无规律排放等，给污染的防治造成很大困难。

（2）污染物种类繁多，浓度波动幅度大。由于工业产品品种繁多，生产工艺也各不相同，工业生产过程中排出的污染物数不胜数，不同污染物性质有很大差异，浓度也相差甚远。

（3）污染物质毒性强，危害大。被酸碱类污染的废水有刺激性、腐蚀性，而有机含氧化合物，如醛、酮、醚等则有还原性，能消耗水中的溶解氧，使水缺氧而导致水生生物死亡。工业废水中含有大量的氮、磷、钾等营养物，可促使藻类大量生长，耗去水中溶解氧，造成水体富营养化污染。工业废水中悬浮物含量很高，可达 3000mg/L，为生活废水的 10 倍。

（4）污染物排放后迁移变化规律差异大。工业废水中所含各种污染物的性质差别很大，有些还有较强毒性，较大的蓄积性及较高的稳定性。一旦排放，迁移变化规律很不相同，有的沉积水底，有的挥发转入大气，有的富集于生物体内，有的则分解转化为其他物质，甚至造成二次污染，使污染物具有更大的危险性。

（5）恢复比较困难。水体一旦受到污染，即使减少或停止污染物的排放，要恢复到原来状态仍需要相当长的时间。

第二节　生产废水的水质特点和处理工艺

从行业的产品加工对象看，生产废水主要包括冶金废水、造纸废水、纺织印染废水、制革废水、农药废水、化学工业废水、食品加工业废水等。下面将依次对上述所列废水的特点及处理工艺进行说明。

一、冶金废水

有色金属冶炼企业消耗水量大、废水排放量大、废水中污染物种类多、数量大，是对水环境污染最严重的行业之一。有色冶金废水对环境的污染有如下特点：

（1）水排放量大；

（2）污染源分散、复杂；

（3）污染物种类繁多；

（4）污染物毒性大。

有色金属冶炼废水污染物浓度如表 5-2 所示。

表 5-2　有色金属冶炼废水污染物浓度　　　　　　　　　　　（mg/L）

类别	汞	镉	六价铬	铅	砷	挥发酚	氰化物	COD	石油类	悬浮物	硫化物
最大	0.26	12.63	23.81	230.77	7.71	79.34	77.93	4720.28	80.00	5234.68	486.29
平均	0.08	0.83	1.16	4.37	0.81	4.34	4.63	139.23	5.25	199.99	16.58

（一）重有色金属冶炼废水处理工艺

重有色金属（铜、铅、锌等）冶炼废水的处理，常采用石灰中和法、硫化物沉淀法、吸附法、离子交换法、氧化还原法、铁氧体法、膜分离法及生化法等。这些方法可根据水质和水量单独或组合使用。当处理水要求作为生产用水回用而常规处理无法实现时，还可采用电渗析、反渗透等深度处理方法进一步净化水质，回收有用金属。

其废水膜分离法处理工艺流程如图 5-1 所示。

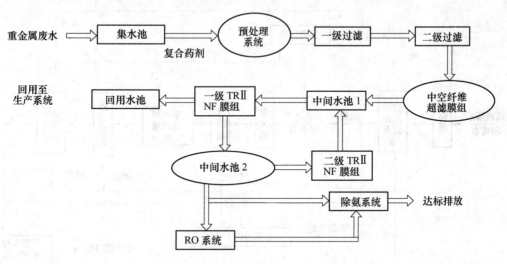

图 5-1　重金属废水膜处理工艺流程图

（二）轻有色金属冶炼废水处理工艺

镁、铝是最常见也是最具代表性的两种轻金属。

电解铝厂废水污染物状况：氟化物由地面降尘和物料运输散落，随地面径流进入废水系统；色度及油污由炭素生产原料，粉尘和设备冷却水排污进入；厂内除盐水站排水、锅炉排污、循环水软化器和过滤器排水等带入悬浮污物及溶解固体；车间卫生清扫带入泥砂、油污等污物。其中，悬浮物除常规泥砂、胶体物质，含有部分细小的炭粉粉尘；油污含重质焦油、轻质浮油和少量乳化油。

铝冶炼废水的治理途径有两条：一是从含氟废气的吸收液中回收冰晶石；二是对没有回收价值的低浓度的含氟废水进行处理，除去其中的氟。含氟废水处理方法有沉淀法（化学沉淀法和混凝沉淀法）、吸附法、气浮法、过滤法、离子交换法、电渗析法和电凝聚法等，其中混凝沉淀法应用较为普遍。

电解铝厂生产废水来源及特点见表 5-3。

表 5-3　电解铝厂生产废水来源及特点

废水产生源		水质特点
循环水排污	旁滤反洗排水	含泥砂等大量污泥
（不含封闭	离子交换器再生排水	含盐量高
循环系统）	吸水池清污排泥	含泥砂等大量污泥
	系统连续或间接排污	清洁含盐量增加
余热锅炉房	过滤预处理反洗排水	含泥砂等大量污泥
及饮水站	离子交换器再生排水	含盐量高
	除氧器溢流机排污	含盐量高
	锅炉排污	含盐量高

电解铝厂生产废水的处理工艺流程，如图 5-2 所示。

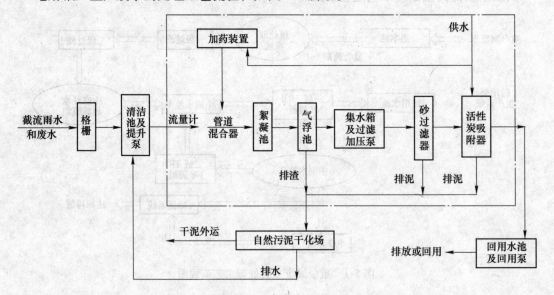

图 5-2　电解铝厂生产废水处理工艺流程图

（三）稀有金属冶炼废水处理工艺

稀有金属和贵金属冶金废水的治理原则和方法与重金属冶炼废水有许多相似之处，这里不再赘述。但是，稀有金属和贵金属种类繁多，原料复杂，不同生产过程产生的废水具有不同的性质，因而处理和回收工艺要更注意针对废水的特点，灵活掌握。

冶金废水治理发展的趋势：

（1）发展和采用不用水或少用水及无污染或少污染的新工艺、新技术，如用干法熄焦，炼焦煤预热，直接从焦炉煤气脱硫脱氰等。

（2）发展综合利用技术，如从废水废气中回收有用物质和热能，减少物料燃料流失。

（3）根据不同水质要求，综合平衡，串流使用，同时改进水质稳定措施，不断提高水的循环利用率。

（4）发展适合冶金废水特点的新的处理工艺和技术，如用磁法处理钢铁废水具有效率高，占地少，操作管理方便等优点。

二、造纸废水

造纸废水主要来自造纸工业生产中的制浆和抄纸两个生产过程。制浆是把植物原料中的纤维分离出来，制成浆料，再经漂白；抄纸是把浆料稀释、成型、压榨、烘干，制成纸张。这两项工艺都排出大量废水。制浆产生的废水，污染最为严重。洗浆时排出的废水呈黑褐色，称为黑水。黑水中污染物浓度很高，BOD 高达 $5 \sim 40g/L$，含有大量纤维、无机盐和色素。漂白工序排出的废水也含有大量的酸碱物质。抄纸机排出的废水，称为白水，其中含有大量纤维和在生产过程中添加的填料和胶料。

造纸工业是能耗、物耗高，对环境污染严重的行业之一，其污染特性是废水排放量大，其中 COD、悬浮物（SS）含量高，色度严重。

造纸废水的 SS、COD 浓度较高，COD 则由非溶解性 COD 和溶解性 COD 两部分组成，通常非溶解性 COD 占 COD 组成总量的大部分，当废水中 SS 被去除时，绝大部分非溶解性 COD 同时被去除。因此，造纸废水处理要解决的主要问题是去除 SS 和 COD。

基本处理方法有：

（1）气浮或沉淀法。采用气浮或沉淀方法，通过投加混凝剂，可去除绝大部分 SS，同时去除大部分非溶解性 COD 及部分溶解性 COD 和 BOD。

其典型的处理工艺流程如下：

废水→筛网→集水池→气浮或沉淀→排放。

气浮和沉淀均为物化处理方法，处理效果与选用的设备、工艺参数、混凝剂等有关，其 COD 去除率一般高于制浆中段水的 COD 去除率，通常能达到 $70\% \sim 85\%$。对吨纸废水排放量大于 $150m^3$、浓度较低的中小型造纸企业，通过气浮或沉淀处理，出水水质指标可达到或接近国家排放标准。

（2）物化与生化处理相结合。对于吨纸废水排放量较低、废水含 COD 较高的大中型废纸造纸企业，期望通过单级气浮或沉淀的物化方法达到国家一级排放标准，但有较大的难度。因为可溶性 COD、BOD 主要需通过生化方法才能有效去除。一般采用物化加生化的处理方法，典型工艺流程如下：

废水→筛网→调节→沉淀或气浮→A/O 或接触氧化→二沉池→排放。

A/O（缺氧—好氧）处理工艺，缺氧段的微生物选择作用只是对有机物进行吸附，吸附在微生物体的有机物则在好氧段被氧化分解。因此 A 段停留时间短，约 $40 \sim 60min$。

三、印染废水

印染工业用水量大，通常每印染加工 1t 纺织品耗水 100～200t，其中 80%～90% 以印染废水排出。纺织印染废水具有水量大、有机污染物含量高、碱性大、水质变化大等特点，属难处理的工业废水之一，废水中含有染料、浆料、助剂、油剂、酸碱、纤维杂质、砂类物质、无机盐等。

根据纺织印染行业自身的特点，印染废水的处理应尽量采用重复回用和综合利用措施，与纺织印染生产工艺改革相结合，尽量减少水、碱以及其他印染助剂的用量，对废水中的染料，浆料进行回收。例如，对于合成纤维及含合成纤维 75% 以上的织物采用干法印花工艺，可以消除生产过程中的印花废水；在使用酸性媒染染料过程中，如果用硝酸钠或双氧水代替重铬酸钾为氧化剂，就可以消除废水中的铬的污染。许多印染企业普遍将丝光工艺排放的碱液用于煮炼工序，作为煮炼液，煮炼工序排放的废碱液用于退浆工序，多次重复使用可以大大减少整个过程排放的总碱量。对于含有硫化染料的污水，可以首先在反应锅内加酸，使废水中的硫化氢释放，然后经过沉淀过滤后回收再用。对含有还原染料和分散染料污水，可采用超滤技术将非水溶性染料颗粒回收使用。通过以上这些生产技术的革新，可以有效减少纺织印染行业的污染物排放量。同时也为生产企业节约了许多原料，增加企业的经济效益。

棉纺织工业废水的主要处理对象是碱度，不易生物降解或生产降解速度极为缓慢的有机质，染料色素以及有毒物质。在美国，印染污水多数采用二级处理，即物化预处理与生化处理品相结合的工艺路线，个别企业使用了三级处理系统，即在生化处理以后增加活性炭吸附处理。日本的纺织印染企业采用的处理工艺与美国相仿，但应用臭氧化处理的情况多一些。在我国，处理印染废水也主要采用物化处理与二级特殊化处理工艺相结合，其中物化处理以混凝沉淀和混凝气浮为主。而在已经投入运行的生化处理设施中，大部分采用了活性污泥法，SBR 工艺的应用也在逐步增加。

下面主要介绍混凝预处理工艺和后续生化处理工艺：

（一）混凝预处理

混凝法是向废水中投加化学药剂，使印染污水中大部分非水溶性的染料颗粒和胶体、有机物互相凝聚成大的颗粒，然后再通过自然沉淀、气浮等方式去除。由于混凝过程中絮凝开成的矾花有较强的吸附能力，因此也有一部分水溶性有机物可以被吸附去除。印染废水通过混凝处理后有 80% 以上的悬浮性有机污染物被去除，同时色度的去除率也可达到 50%～95%。

对印染污水的混凝处理，关键在于选择合适的絮凝剂。常规适用于印染废水处理的絮凝剂主要有硫酸铝、硫酸铁、氯化铁，这些絮凝剂在处理一些非水溶性染料废水中效果明显，例如分散染料，还原染料，硫化染料，COD 和色度的去除率都非常高。

（二）生化处理

主要工艺流程为：废水—调节池—水解酸化—生物接触氧化—中沉池—PAC—混凝反应池—气浮池—出水。

该处理工艺中要用到的污水处理药剂为聚丙烯酰胺和聚合氯化铝，用次氯酸钙作为脱色剂。该工艺重点是好氧生物接触氧化，其主要功效是降解有机物。在聚丙烯酰胺的选择上，混凝处理一般选择阴离子聚丙烯酰胺和非离子聚丙烯酰胺，污泥脱水选择阳离子聚丙烯酰胺。阳离子选择离子度相对较低的阳离子型号，分子量1000万以上效果较佳。

四、制革废水

制革废水是制革生产过程中排出的废水。废水主要来源于鞣前准备，鞣制和其他湿加工工段。污染最重的是脱脂废水、浸灰脱毛废水、铬鞣废水，这3种废水约占总废水量的50%，但却包含了绝大部分的污染物，各种污染物占其总量的质量分数分别为COD_{Cr} 80%、BOD_5 75%、SS 70%、硫化物93%、氯化钠50%、铬化合物95%。

制革废水的特点表现在以下几方面：

制革废水的特点是成分复杂、色度深、悬浮物多、耗氧量高、水量大。

悬浮物：大量石灰、碎皮、毛、油渣、肉渣等。

COD_{Cr}：在皮革加工过程中使用的材料大多为助剂、石灰、硫化钠、铵盐、植物鞣剂、酸、碱、蛋白酶、铬鞣剂、中和剂等，故COD含量大。

BOD_5：可溶性蛋白、油脂、血等有机物。

硫：在浸灰过程中使用硫化钠所产生的硫化物。

铬：在铬鞣制中所排出的铬酸废水液。

制革废水污染物浓度见表5-4。

表5-4 制革废水污染物浓度 （mg/L，pH值除外）

pH 值	8~10	Cr^{3+}	80~100
色度（稀释倍数）	800~4000	S^{2-}	50~100
COD	3000~4000	BOD	1500~2000
SS	2000~4000	Cl^-	2000~3000

制革废水的生化处理工艺：

（1）预处理系统。主要包括格栅、调节池、沉淀池、气浮池等处理设施。制革废水中有机物浓度和悬浮固体浓度高，预处理系统（如图5-3）就是用来调节水量、水质；去除SS、悬浮物；削减部分污染负荷，为后续生物处理创造良好条件的。

制革废水中含有较多的柔软剂、渗透剂和表面活性剂等高分子化合物，这些物质比较难以生物降解。P. A. Balakrishnan等人在生物处理前，用臭氧来氧化废水，将这些高分子有机物转变成低分子形式，甚至是容易消化的简单的生物机体，从而提高生物的可降解性。试验证明经过臭氧处理，制革废水的BOD_5，COD_{Cr}和色度都有明显地降低。田刚红在生物处理前先进行水解酸化，将废水的$m(BOD_5)/m(COD_{Cr})$的值由0.2提高到0.4以上，极大地提高废水的可生物降解性，为好氧生化处理提供有利条件。这两项技术与传统物化预处理技术相比，除能够提高废水的可生物降解性，还能够解决废水处理过程中的泡沫问题，且产泥量少，为解决制革废水处理中产生的大量污泥提供了一条途径。还可以投加混凝剂、絮凝剂以去除制革废水中不易生化降解的化工辅料。一般用硫酸亚铁或碱式氯化铝，投加量为0.03%~0.05%，可去除COD_{Cr}与BOD_5约50%，S^{2-} 70%以上，SS与色度80%以上。

（2）生物处理系统。制革废水的 $\rho(COD_{Cr})$ 一般为 3000~4000mg/L，$\rho(BOD_5)$ 1000~2000mg/L 属于高浓度有机废水，$m(BOD_5)/m(COD_{Cr})$ 值为 0.3~0.6，适宜于进行生物处理。目前国内应用较多的有氧化沟（如图5-4）、SBR 和生物接触氧化法，应用较少的是射流曝气法、间歇式生物膜反应器（SBBR）、流化床和升流式厌氧污泥床（UASB）等方法。

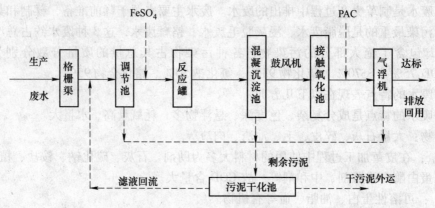

图 5-3　制革废水的预处理工艺

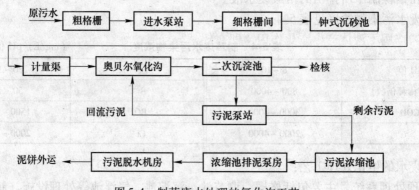

图 5-4　制革废水处理的氧化沟工艺

五、农药废水

农药废水是指农药厂在农药生产过程中排出的废水。农药品种繁多，农药废水水质复杂。其主要特点是：

（1）污染物浓度较高，化学需氧量（COD）可达每升数万毫克。

（2）毒性大。废水中除含有农药和中间体外，还含有酚、砷、汞等有毒物质以及许多生物难以降解的物质。

（3）有恶臭，对人的呼吸道和粘膜有刺激性。

（4）水质、水量不稳定。

因此，农药废水对环境的污染非常严重。农药废水处理的目的是降低农药生产废水中污染物浓度，提高回收利用率，力求达到无害化。

其处理方法主要有：

（1）光催化法。锐钛型的 TiO_2 在紫外光的照射下能产生氧化性极强的羟基自由基，能够氧化降解有机物，使其转化为 CO_2、H_2O 以及无机物，降解速度快，无二次污染，为降解处理农药废水提供了新思路。对于光催化降解有机物，目前关注的问题一方面是降解过程中的影响因素和降解过程的转化问题，对纳米 TiO_2 的固载化和反应分离一体化成为光催化领域中具有挑战性的课题之一，另一方面是提高制备催化剂提示催化效率的问题。

陈士夫等人在玻璃纤维、玻璃珠、玻璃片上负载 TiO_2 薄膜光催化剂，并用于有机磷农药的降解研究方面，取得了满意的结果。梁喜珍通过研究 TiO_2 光催化降解有机磷农药乐果废水的影响因素，获得了适宜的工艺条件。潘健民通过对纳米 TiO_2 及其复合材料光催化降解有机磷农药进行的研究，分析了在不同催化剂、不同浓度 $AgNO_3$ 浸渍、不同实验装置条件下的光催化降解效果，说明 TiO_2 表面担载微量的 Ag 后，不仅能提高纳米 TiO_2 催化活性，而且有较好的絮凝作用，使 TiO_2 与处理后的水易分离，后处理更方便。葛湘锋研究发现光催化降解在一定条件下符合零级动力学反应模式，而且反应速率常数和反应物起始浓度也呈线性关系，当反应物浓度增长过快达到一定值时，其反应速率常数明显下降，反应物浓度过高时，则降解反应不再符合零级反应。

目前采用的光催化体系多为高压灯、高压氙灯、黑光灯、紫外线杀菌灯等光源，能量消耗大。若能对纳米 TiO_2 进行有效、稳定地敏化，扩展其吸收光谱范围，能以太阳光直接作为光源，则将大大降低成本。

（2）超声波技术。超声波是频率大于 20kHz 的声波，超声波诱导降解有机物的原理是在超声波的作用下液体产生空化作用，即在超声波负压相作用下，产生一些极端条件使有机物发生化学键断裂、水相燃烧、高温分解或自由基反应。

钟爱国等人研究表明，在甲胺磷浓度为 1.0×10^{-4} mol/L、起始 pH 值为 2.5、温度 30℃、$Fe^{2+} > 50$mg/L、充 O_2 至饱和的条件下，用低频超声波（80W/cm²）连续辐照 120min，甲胺磷去除率达到 99.3%，乙酰甲胺磷的去除率达到 99.9%。孙红杰等人研究了各种因素超声波频率、功率、声强、变幅杆直径和溶液初始 pH 值等对超声降解甲胺磷农药废水的影响。Kotronarou 等人得出对硫磷在超声条件下可以被完全降解为 PO_4^{3-}、SO_4^{2-}、NO_3^-、CO_2 和 H^+，而在反应温度为 20℃、pH 值为 7.4 时，对硫磷无催化水解半衰期为 108d，其有毒代谢产物对氧磷水解半衰期为 144d。Cristina 等人对马拉磷农药在超声波辐射下降解问题进行研究，82μmol/L 的马拉磷溶液 30min 内，pH 值从 6 下降到 4，2h 内所有的马拉磷全部降解，产物均为无机小分子。

蒋永生、傅敏等人报道了用超声波模拟降解废水中低浓度乐果的试验，辐射时间延长，降解率增加，加入 H_2O_2 可明显提高乐果的降解率，在溶液初始浓度较低的范围内，降解速率随浓度增大而加快。浓度增大到一定值后，降解速率变化不明显，超声降解时溶液温度控制在 15~60℃ 为宜。

谢冰等人对久效磷和亚磷酸三甲酯生产过程中产生的废水进行了超声气浮预处理，降低了其 COD 和毒性，提高其可生化性，再经以光合细菌为主的生化处理，可使其 COD 降至 200mg/L。

王宏青等人研究表明：灭多威经超声作用 35min，可被完全转换为无机物，其降解过程为假一级反应；浓度增加时，降解减慢；Fe^{2+} 和 H_2O_2 对降解有促进作用，且 Fe^{2+} 的促进作用比 H_2O_2 的大；采用不同气体饱和溶液时，降解率的大小顺序为 $Ar > O_2 > N_2$。红外光谱表明降解产物为 SO_4^{2-}、NO_3^- 和 CO_2。

目前有关超声辐射降解有机污染物的研究，大多属于实验室研究，还缺乏系统的研究，更缺少中试数据。

（3）生物法。在国内，农药厂家大多建有生化处理装置，但目前几乎没有一家能够获得理想的处理效果。因此，对这类废水的生化处理研究是十分必要的。已有大量研究表明真菌、细菌、藻类等对农药有很好的降解作用。

程洁红从土壤中分离得到以多菌灵生产农药废水为唯一碳源生长的 13 株菌，经鉴定为假单胞菌属（Pseudomonassp），研究了 SBR 工艺运行的最佳条件，所筛选的菌株对多菌灵农药废水的 COD 去除率为 52.3%。张德咏、谭新球 2 人从生产甲胺磷农药的废水中筛选具有促生活性及可降解甲胺磷的光合细菌菌株，培养第 7 天，该菌株可降解甲胺磷（65.2%，500mg/L 和 49.6%，1000mg/L），乐果（45.4%，400mg/L），毒死蜱（51.5%，400mg/L），该菌株也能够以三唑磷、辛硫磷作为唯一碳源生长。

生物膜法将微生物细胞固定在填料上，微生物附着于填料生长、繁殖，在其上形成膜状生物污泥。与常规的活性污泥法相比，生物膜具有生物体积浓度大、存活世代长、微生物种类繁多等优点，尤其适宜于特种菌在废水体系中的应用。王军、刘宝章 2 人利用半软性填料进行挂膜，处理菊酯类、杂环类综合农药废水。当进水 COD_{Cr} 为 6810、3130、1890mg/L 时，经过 24h 的作用，细菌膜对 COD_{Cr} 的降解率分别达到 24.8%、43.5%、53.4%。

（4）电解法。铁碳微电解法是絮凝、吸附、架桥、卷扫、共沉、电沉积、电化学还原等多种作用综合效应的结果，能有效地去除污染物提高废水的可生化性。新产生的铁表面及反应中产生的大量初生态的 Fe^{2+} 和原子 H 具有高化学活性，能改变废水中许多有机物的结构和特性，使有机物发生断链、开环；微电池电极周围的电场效应也能使溶液中的带电离子和胶体附集并沉积在电极上而除去；另外反应产生的 Fe^{2+}、Fe^{3+} 及其水合物具有强烈的吸附絮凝活性，能进一步提高处理效果。

雍文彬采用铁屑微电解法能有效去除农药生产废水中的 COD、色度、As、氨氮、有机磷和总磷，去除率分别可达 76.2%、80%、69.2%、55.7%、82.7% 和 62.8%。张树艳采用铁炭微电解法对几种农药配水进行处理，试验表明，最佳反应条件下，废水的 COD_{Cr} 去除率都可达 67% 以上；最佳反应条件：铁/水比为（0.25～0.375）:1，铁/碳比为（1～3):1，pH 值 3～4，反应时间 1～1.5h。废水经微电解处理，然后进行 Fenton 试剂氧化，则微电解出水中 Fe^{2+} 可作为 Fenton 的铁源，且微电解时有机污染物的初级降解也有利于后续 Fenton 反应的进行。吴慧芳采用微电解和 Fenton 试剂氧化两种物化手段，对菊酯、氯苯（$BOD_5/COD_{Cr}=0.03$）和对邻硝氯苯（$BOD_5/COD_{Cr}=0.05$）3 种废水，按比例配制而成的综合农药废水进行预处理，结果表明：在废水 pH 值为 2～2.5 时，经微电解处理后，BOD_5/COD_{Cr} 达 0.45 以上，可生化性提高；Fenton 试剂对综合农药废水 COD_{Cr} 去除率为 60% 左右，色度去除率接近 100%。刘占孟以活性炭-纳米二氧化钛为电催化剂，对甲胺磷溶液的电催化氧化降解规律进行研究表明，该工艺能有效去除废水中的有机物，纳米二氧化钛催化剂的催化效果显著。电解效果随着电解时间的延长、催化剂的增加而升高，低 pH 有利于电催化氧化过程中 H_2O_2 和·OH 的生成。王永广采用电解/UASB/SBR 工艺处理生化性差、氯离子浓度高的氟磺胺草醚农药废水。设计电流密度取 $30.0A/m^2$，该工程的电费为 2.30 元/m^3，药剂费为 0.30 元/m^3，人工费为 1.50 元/m^3，运行成本为

4.10 元/m³，COD 去除率大于 97%。

（5）氧化法。深度氧化技术（AOPs）可通过氧化剂的组合产生具有高度氧化活性的·OH，被认为是处理难降解有机污染物的最佳技术。

引入紫外线、双氧水联合作用和调控反应体系 pH 值，可进一步提高臭氧深度氧化法的效率。陈爱因研究表明，紫外光催化臭氧化降解农药2，4-二氯苯氧乙酸（2，4-D）废水成效显著，臭氧/紫外（UV）深度氧化法（比较单独臭氧化、臭氧/紫外、臭氧/双氧水、臭氧/双氧水/紫外 4 种臭氧化过程）是最好的臭氧化处理方法。2，4-D200mg·L^{-1}的水样，反应 30min，2，4-D 降解完全，75min 时矿化率达 75% 以上。碱性反应氛围有利于臭氧化反应进行。双氧水的引入对 2，4-D 降解无明显促进作用，这是因为双氧水分解消耗 OH$^-$，没有缓冲的反应体系 pH 值降低，限制了双氧水的分解和·OH 自由基链反应。表明添加 H_2O_2 对光解效果有一定改善作用，投加量达到 75mg/L 时，水样的 COD 去除率由零投加时的 20% 提高到 40%，但过量投加对处理效果没有进一步促进作用。曝气能促进光解效果，特别对 UV/Fenton 工艺作用更为显著，光解水样 2h 后，曝气条件下的 COD去除率可从不曝气条件下的 30% 提高到 80%。

催化湿式氧化能实现有机污染物的高效降解，同时可以大大降低反应的温度和压力，为高浓度难生物降解的有机废水的处理提供了一种高效的新型技术。催化剂是催化湿式氧化的核心，诸多学者致力于研究开发新型高效的催化剂。韩利华等人以 Cu 和 Ce 为活性组分，制备了 Cu/Ce 复合金属氧化物，比较了均相-多相催化剂的催化性能。韩玉英在催化湿式氧化法处理吡虫啉农药废水中，分别用硝酸亚铈和硝酸铜作催化剂，反应一定时间后COD 去除率分别达到 80% 和 95.5%。用硝酸铜作催化剂处理吡虫啉农药废水具有较高的活性，但 Cu^{2+} 有较高的溶出量。张翼、马军 2 人在废水中加入 2 种自制的催化剂，结果表明，只用臭氧处理的情况下 7d 后有机磷的去除率为 78.03%；在催化剂 A 存在下，去除率可达 93.85%；在催化剂 B 存在下，去除率可达为 88.35%。在室温和中性介质中均属于一级反应。ClO$_2$是一种强氧化剂，碱性条件下氰根（CN$^-$）先被氧化为氯酸盐，氯酸盐进一步被氧化为碳酸盐和氮气，从而彻底消除氰化物毒性。陈莉荣将含氰农药废水空气吹脱除氨后，采用 ClO$_2$ 作为氰化物的氧化剂，氰化物浓度为 60～80mg/L，pH 值为 11.5 左右时，按 ClO$_2$：CN$^- \geqslant 3.5$（质量比）投药，氰化物的去除率达 97% 以上，氧化后废水经生物处理系统进一步处理后各项指标都能达排放标准要求。

六、化学工业废水

纯净的水在经过使用后改变了原来的物理性质或化学性质，成为了含有不同种类杂质的废水。化工废水就是在化工生产中排放出的工艺废水、冷却水、废弃洗涤水、设备及场地冲洗水等废水。这些废水如果不经过处理而排放，会造成水体的不同性质和不同程度的污染，从而危害人类的健康，影响工农业的生产。

化工废水污染有如下特点：

（1）有毒性和刺激性。化工废水中有些含有如氰、酚、砷、汞、镉或铅等有毒或剧毒的物质，在一定的浓度下，对生物和微生物产生毒性影响；另外也可能含有无机酸、碱类等刺激性、腐蚀性的物质。

（2）有机物浓度高。特别是石油化工废水中各种有机酸、醇、醛、酮、醚和环氧化物等有机物的浓度较高，在水中会进一步氧化分解，消耗水中大量的溶解氧，直接影响水生生物的生存。

（3）pH 值不稳定。化工排放的废水有的为强酸性，有的为强碱性的现象是常有的，对生物、建筑物及农作物都有极大的危害。

（4）营养化物质较多。含磷、氮量较高的废水会造成水体富营养化，水中藻类和微生物大量繁殖，严重时会造成"赤潮"，影响鱼类生长。

（5）恢复比较困难。受到有害物质污染的水域要恢复到水域的原始状态是相当困难的。尤其被微生物所浓集的重金属物质，停止排放仍难以消除。

（6）生化需氧量（BOD）和化学需氧量（COD）都较高。化工废水（特别是石油化工生产废水），含有各种有机酸、醇、醛、酮、醚和环氧化物等，其特点是生化需氧量和化学需氧量都较高。这种废水一经排入水体，就会在水中进一步氧化分解，从而消耗水中大量的溶解氧，直接威胁水生生物的生存。

（7）废水温度较高。由于化学反应常在高温下进行，排出的废水水温较高。这种高温废水排入水域后，会造成水体的热污染，使水中溶解氧降低，从而破坏水生生物的生存条件。

化工废水中的污染物质是多种多样的，所以往往不可能用一种处理单元就能够把所有的污染物质去除干净。一般一种废水往往需要通过由几种方法和几个处理单元组成的处理系统处理后，才能够达到排放要求。

针对不同污染物质的特征，制订了各种不同的化工废水处理方法，这些处理方法按其作用原理划分为四大类：物理处理法、化学处理法、物理化学法和生物处理法。

（1）物理处理法。通过物理作用，以分离、回收废水中不溶解的呈悬浮状态污染物质（包括油膜和油珠）的废水处理法，根据物理作用的不同，又可分为重力分离法、离心分离法和筛滤截留法等。

与其他方法相比，物理法具有设备简单、成本低、管理方便、效果稳定等优点，主要用于去除废水中的漂浮物、悬浮固体、砂和油类等物质。

物理法包括过滤、重力分离、离心分离等。

（2）化学处理法。通过化学反应和传质作用来分离、去除废水中呈溶解、胶体状态的污染物质或将其转化为无害物质的废水处理法。可用来除去废水中的金属离子、细小的胶体有机物、无机物、植物营养素（氮、磷）、乳化油、色度、臭味、酸、碱等。

化学法包括中和法、混凝法、氧化还原、电化学等方法。

1）中和法。在化工、炼油企业中，对于低浓度的含酸、含碱废水，在无回收及综合利用价值时，往往采用中和的方法进行处理。中和法也常用于废水的预处理，调整废水的pH 值。

2）混凝沉淀法。混凝法是在废水中投入混凝剂，因混凝剂为电解质，在废水中形成胶团，与废水中的胶体物质发生电中和，形成絮体沉降。絮凝沉淀不但可以去除废水中的粒径为 $10^{-3} \sim 10^{-6}$ 的细小悬浮颗粒，而且还能够去除色度、油分、微生物、氮磷等富营养物质、重金属及有机物等。

3）氧化还原法。废水经过氧化还原处理，可使废水中所含的有机物质和无机物质转变为无毒或毒性不大的物质，从而达到废水处理的目的。常用的氧化法有：空气氧化法、氯氧化法、臭氧氧化法、湿式氧化法等。

4）电解法。电解是利用直流电进行溶解氧化还原反应的过程。一般按照污染物的净化机理可以分为电解氧化法、电解还原法、电解凝聚法和电解浮上法。

（3）物理化学法。利用物理化学作用去除废水中的污染物质。废水经物理方法处理后，仍会含有某些细小的悬浮物以及溶解的有机物。为了进一步去除残存在水中的污染物，可进一步采用物理化学方法进行处理。

主要有吸附法、离子交换法、膜分离法、萃取法、汽提法和吹脱法等。

（4）生物化学处理法。通过微生物的代谢作用，使废水中呈溶液、胶体以及微细悬浮状态的有机性污染物质转化为稳定、无害的废水处理方法。

生物处理过程的实质是一种由微生物参与进行的有机物分解过程，分解有机物的微生物主要是细菌，其他微生物如藻类和原生动物也参与该过程，但作用较小。

（5）微电解处理法。微电解处理作为近年来新兴起的处理工艺，已取得了广泛地应用。现有工艺生产的微电解填料已克服了板结钝化的弊端，填料可持续高效的运行。

特别针对有机物高浓度、高毒性、高色度、难生化废水的处理，可大幅度地降低废水的色度和COD，提高B/C比值即提高废水的可生化性。可广泛应用于：印染、化工、电镀、制浆造纸、制药、洗毛、农药、酱菜、酒精等各类工业废水的处理及处理水回用工程。

七、食品加工业废水

食品工业的内容极其复杂，包括制糖、酿造、肉类、乳品加工等生产过程，所排出的废水都含有机物，具有强的耗氧性，且有大量悬浮物随废水排出。动物性食品加工排出的废水中还含有动物排泄物、血液、皮毛、油脂等，并可能含有病菌，因此耗氧量很高，比植物性食品加工排放的废水的污染性高得多。

食品工业废水特点如下：

（1）废水量大小不一，食品工业从家庭工业的小规模到各种大型工厂，产品品种繁多，其原料、工艺、规模等差别很大，废水量从数 m^3/d 到数千 m^3/d 不等。

（2）有机物质和悬浮物含量高，易腐败，一般无大的毒性。

（3）食品工业废水中可降解成分多，对于一般食品工业，由于原料来源于自然界有机物质，其废水中的成分也以自然有机物质为主，不含有毒物质，故可生物降解性好，其 BOD_5/COD 高达0.84。

（4）废水中含各种微生物，包含致病微生物，废水易腐败发臭。

（5）高浓度废水多。

（6）废水中氮、磷含量高。

其危害主要是使水体富营养化，以致引起水生动物和鱼类死亡，促使水底沉积的有机物产生臭味，恶化水质，污染环境。

1. 物理处理法

物理处理法是指应用物理作用改变废水成分的处理方法。用于食品工业废水处理的物理处理法有筛滤、撇除、调节、沉淀、气浮、离心分离、过滤、微滤等。前5种工艺多用于预处理或一级处理，后3种主要用于深度处理。

（1）筛滤。筛滤是预处理中使用最广泛地一种方法。主要作用是从废水中分离出较粗的分散性悬浮固体物。所用的设备有格栅和格筛。格栅拦截较粗的悬浮固体，其作用是保护水泵和后续处理设备。食品工业废水中常用的格筛有固定筛、转动筛和振动筛等，格筛最常用的孔径是 10～40 目。

（2）撇除。某些食品工业废水中含有大量的油脂，这些油脂必须在进入生物处理工艺前予以除去，否则会造成管道、水泵和一些设备的堵塞，还会对生物处理工艺造成一定的影响。此外，油脂除去并回收又有较大的经济价值。废水中的油脂根据其物理状态可分为游离漂浮状和乳化状两大类。通常隔油池除去漂浮状油脂。隔油池对漂浮状油脂的去处率可达 90% 以上。如果处理流程中设有调节池或沉淀池，则隔油池可与调节池或初沉池合用统一构筑物，可节省投资和占地。对小型处理系统，可设油水分离器撇油。

（3）调节。对于水质水量变化幅度大的食品工业废水，常设置调节池对废水的水质和水量进行调节，调节时间一般为 6～24h，多为 6～12h。调节池容量为日处理废水量的15%～50%。

（4）沉淀。沉淀是用来除去原废水中无机固体物和有机固体物，以及分离生物处理工艺中的固相和液相。用沉砂池除去原废水中的无机固体物；用初沉池除去原废水中的有机固体物；用二沉池分离生物处理工艺中的生物相和液相，沉砂池一般设在格栅和格筛之后。为了清除废水中无机固体物表面的有机物，避免废水中有机固体物在沉砂池中产生沉淀，可采用曝气沉砂池。采用初沉池可降低后续工艺的负荷。初沉池除去悬浮固体的效果与加工的原料和产品有关。按池中的水流方向分为平流沉淀池、竖流沉淀池、辐流沉淀池。为了提高沉淀池的沉淀效率，可在沉淀池内设置平行的斜板或斜管而成斜板（管）沉淀池。一般沉淀时间 1.5～2.0h。

（5）气浮。气浮主要用于除去食品工业废水中的乳化油、表面活性物质和其他悬浮固体。有真空式气浮、加压溶气气浮和散气管（板）式气浮。当废水进入容器气浮池之前，往水中投加化学混凝剂或助凝剂，可提高乳化油脂和胶体悬浮颗粒的去除率。据资料介绍，气浮可除去 90% 以上的油脂和 40%～80% 的 BOD_5 和 SS。气浮池 HRT 一般 30min。

（6）其他处理工艺。对二级处理出水进行深度处理，常用的方法是过滤，可采用砂滤池或复合滤料滤池。按滤速大小分慢速砂滤池和快速滤池。一般单层砂滤池的滤速为 8～12m/h。

2. 化学处理法

化学处理法是指应用化学原理和化学作用将废水中的污染物成分转化为无害物质，使废水得到净化。污染物在经过化学处理过程后改变了化学本性，处理过程中总是伴随着化学变化。用于食品工业废水的化学处理法有中和、混凝、电解、氧化还原、离子交换、膜分离法等。

（1）混凝法。食品工业废水处理中所用的化学处理工艺主要是混凝法。混凝法不能单独使用，必须与物理处理工艺的沉淀、澄清法或气浮法结合使用，构成混凝沉淀或混凝气浮，混凝沉淀可作为生物处理的预处理，也可作为生物处理后的深度处理。混凝沉淀法是水处理的一个重要方法。对于一些胶体颗粒较小、或是一些胶体溶液，难以或不能发生沉降的废水加入化学混凝剂，使其形成易于沉降的大颗粒而去除。废水中呈胶体状态的蛋白质和多糖类物质，经加药混凝沉淀即有较好的去除效果。

常用的药剂有：石灰、硫酸亚铁、三氯化铁和硫酸铝等。石灰一般不单独使用，常与其他药剂配合使用，最佳投药量和 pH 值宜通过试验确定。

（2）氧化还原。化学氧化还原是转化废水中污染物的有效方法。废水中呈溶解状态的无机物和有机物，通过化学反应被氧化或还原为微毒或无毒的物质，或者转化成容易与水分离的形态，从而达到处理的目的。

（3）离子交换。离子交换主要是利用离子交换剂对水中存在的有害离子（包括有机的及无机的）进行交换去除的方法。

3. 生物处理法

生物化学处理法是有机废水处理系统中最重要的过程之一。在食品工业的废水处理中，生物处理工艺可分为好氧工艺、厌氧工艺、稳定塘、土地处理以及由上述工艺的结合而形成的各种各样的组合工艺。食品废水是有机废水，生物法是主要的二级处理工艺，目的在于降解 COD、BOD_5。

好氧生物处理工艺根据所利用的微生物的生长形式分为活性污泥工艺和膜法工艺。前者包括传统活性污泥法、阶段曝气法、生物吸附法、完全混合法、延时曝气法、氧化沟、间歇活性污泥法（SBR）等。后者包括生物滤池、塔式生物滤池、生物转盘、活性生物滤池、生物接触氧化法、好氧流化床等。一般好氧处理对低浓度废水效果较好。

厌氧生物处理工艺适用于食品工业废水，主要原因是废水中含易生物降解的高浓度有机物，且无毒性。此外，厌氧处理动力消耗低，产生的沼气可作为能源，生成的剩余污泥量少，厌氧处理系统全部密闭，利于改善环境卫生，可以季节性或间歇性运转，污泥可长期储存。

第三节　生产废水常规处理设施的设计和计算

一、工程概述

城市污水处理厂的设计工作一般分为两个阶段，即初步设计和施工图设计。

城市污水处理厂的设计工作内容，包括确定厂址、选择合理的工艺流程、确定污水处理厂平面与高程的布置、计算建（构）筑物等。

（一）设计资料的收集与调查

（1）建设单位的设计任务书。包括设计规模（处理水量）、处理程度要求、占地要求、投资情况等。

（2）收集相关资料。包括原水水质资料、当地气象资料（温度、风向、日照情况等）、水文地质资料（地下水位、土壤承载力、受纳水体流量、最高水位等）、地形资料、城市规划情况等。

（3）必要的现场调查。当缺乏某些重要的设计资料时，则现场的调查是必要的。

（二）厂址选择

城市污水处理厂厂址选择是城市污水处理厂设计的前提，应根据选址条件和要求综合考虑，选出适用的、系统优化、工程造价低、施工及管理方便的地区作为厂址。

二、处理流程选择

污水处理厂的工艺流程是指在达到所要求的处理程度的前提下，污水处理各单元的有机组合，以满足污水处理的要求。

（一）污水处理流程的选择原则

经济节省性原则；

运行可靠性原则；

技术先进性原则。

（二）应考虑的其他一些重要因素

充分考虑业主的需求；

考虑实际操作管理人员的水平。

本次设计采用生物好氧处理法。好氧生物处理 BOD_5 去除率高，可达 $90\% \sim 95\%$，稳定性较强，系统启动时间短，一般为 $2 \sim 4$ 周，很少产生臭气，不产生沼气，对污水的碱度要求低。

污水处理工艺流程图及污水处理厂平面图如图 5-5、图 5-6、图 5-7 所示。

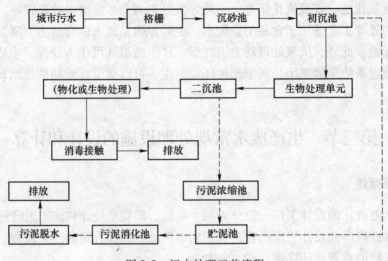

图 5-5　污水处理工艺流程

图 5-6　污水处理厂平面实景图

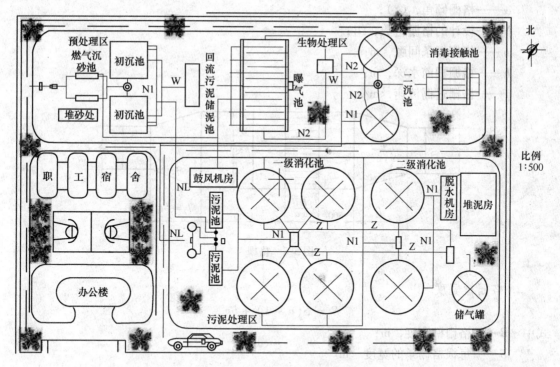

图 5-7 污水处理厂平面图

三、污水处理工程设计计算

（一）设计水量，水质及处理程度
平均流量：5 万吨/天，变化系数 1.4；

进水：COD/400mg/L，BOD/300mg/L，SS/350mg/L；

出水：COD/60mg/L，BOD/20mg/L，SS/20mg/L；

处理程度计算：COD：（400－60）/400＝85%；

BOD：（300－20）/300＝93.3%；

SS：（350－20）/350＝94.3%。

（二）格栅及其设计
格栅是由一组平行的金属栅条制成，斜置在污水流经的渠道上或水泵前集水井处，用以截留污水中的大块悬浮杂质，以免后续处理单元的水泵或构筑物造成损害（见图 5-8）。

设计中取二组格栅，$N＝2$ 组，安装角度 $\alpha＝60°$。

$$Q \text{设计水量} = \text{平均流量} \times \text{变化系数} = 0.810 \text{m}^3/\text{s}$$

1. 格栅间隙数

$$n = \frac{Q\sqrt{\sin\alpha}}{Nbhv}$$

式中 n——格栅栅条间隙数，个；

Q——设计流量，m^3/s；

α——格栅倾角，（°）；

N——设计的格栅组数，组；

b——格栅栅条间隙，m；

h——格栅栅前水深，m；

v——格栅过栅流速，m/s。

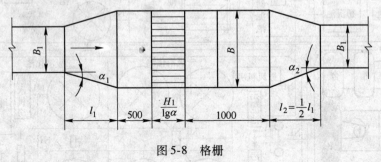

图 5-8 格栅

2. 格栅槽宽度

$$B = S(n - 1) + bn$$

式中 B——格栅槽宽度，m；

S——每根格栅条的宽度，m。

设计中取 $S = 0.015\text{m}$，则计算得 $B = 0.93\text{m}$。

3. 进水渠道渐宽部分的长度

$$l_1 = \frac{B - B_1}{2\tan\alpha_1}$$

式中 l_1——进水渠道渐宽部分的长度，m；

B_1——进水明渠宽度，m；

α_1——渐宽处角度，一般采用 10°~30°。

设计中取 $B_1 = 0.9\text{m}$，$\alpha_1 = 20°$，计算得 $l_1 = 0.04\text{m}$。

4. 出水渠道渐窄部分的长度

出水渠示意图见图 5-9。

$$l_2 = \frac{l_1}{2}$$

得 $l_2 = 0.02\text{m}$。

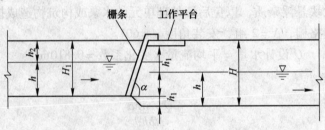

图 5-9 出水渠道

5. 通过格栅的水头损失

$$h_1 = k\beta\left(\frac{S}{b}\right)^{4/3}\frac{v^2}{2g}\sin\alpha$$

式中　h_1——水头损失，m；

β——格栅条的阻力系数，查表 $\beta = 1.67 \sim 2.42$；

k——格栅受污物堵塞时的水头损失增大系数，一般采用 $k = 3$。

设计中取 $\beta = 2.42$，$k = 3$，得到 $h_1 = 0.18$m。

6. 栅后明渠的总高度

$$H = h + h_1 + h_2$$

式中　H——栅后明渠的总高度，m；

h_2——明渠超高，m，一般采用 $0.3 \sim 0.5$m。

设计中取 $h_2 = 0.30$m，得到 $H = 1.28$m。

7. 栅槽总长度

$$L = l_1 + l_2 + 0.5 + 1.0 + \frac{H_1}{\tan\alpha}$$

式中　L——格栅槽总长度，m；

H_1——栅前明渠的深度，m。

设计中 $H_1 = 0.8 + 0.3 = 1.10$m，得到 $L = 2.20$m。

8. 每日栅渣量计算

$$w = \frac{86400Qw_1}{1000}$$

式中　w——每日栅渣量，m^3/d；

w_1——每日每 $10^3 m^3$ 污水的栅渣量，$m^3/10^3 m^3$ 污水，一般采用 $0.04 \sim 0.06 m^3/10^3 m^3$ 污水。

设计中取 $W_1 = 0.05$，得到 $W = 2.5 m^3/d > 0.2 m^3/d$。

采用机械除渣及皮带输送机或无轴输送机输送栅渣，采用机械栅渣打包机将栅渣打包，汽车运走。

9. 进水与出水渠道

城市污水通过 $DN1200$mm 的管道送入进水渠道，设计中取进水渠道宽度 $B_1 = 0.9$m，进水水深 $h_1 = h = 0.8$m，出水渠道 $B_2 = B_1 = 0.9$m，出水水深 $h_2 = h_1 = 0.8$m。

（三）沉砂池及其设计

沉砂池是借助于污水中的颗粒与水的比重不同，使大颗粒的沙粒、石子、煤渣等无机颗粒沉降，减少大颗粒物质在输水管内沉积和消化池内沉积。

沉砂池按照运行方式不同可分为平流式沉砂池，竖流式沉砂池，曝气式沉砂池，涡流式沉砂池。

设计中采用曝气沉砂池，沉砂池设 2 组，$N = 2$ 组，每组设计流量 $0.4051 m^3/s$

1. 沉砂池有效容积

$$V = 60Q_{max}t$$

式中　V——沉砂池有效容积，m^3；

　　Q_{max}——设计流量，m^3/s；

　　　t——停留时间，min，一般采用 $1 \sim 3min$。

设计中取 $t = 2min$，$Q = 0.4051m^3/s$，得到 $V = 48.61m^3$。

2. 水流过水断面积

$$A = \frac{Q}{v_1}$$

式中　v_1——水平流速，m/s，一般采用 $0.06 \sim 0.12m/s$。

设计中取水平流速 $v_1 = 0.1m/s$，得到 $A = 4.051m^2$。

3. 沉砂池宽度

$$B = \frac{A}{h_2}$$

式中　h_2——沉砂池有效水深，m，一般采用 $2 \sim 3m$。

设计中取 $h_2 = 2.0m$，得到 $B = 2.03m$。$B/h_2 = 1.01 < 2$，满足要求。

4. 沉砂池长度

$$L = \frac{V}{A}$$

计算得到 $L = 12m$。

5. 每小时所需空气量计算

$$q = 3600Qd$$

式中　q——每小时所需的空气量，m^3/h；

　　d——每 m^3 污水所需空气量，m^3/m^3 污水，一般采用 $0.1 \sim 0.2m^3/m^3$ 污水。

设计中取 $d = 0.2m$，得到 $q = 291.67m^3/h$（单池所需气量）。

6. 沉砂室所需容积

$$V = \frac{86400QXT}{10^6}$$

式中　X——城市污水沉砂量，$m^3/10^6m^3$ 污水，一般采用 $30m^3/10^6m^3$ 污水；

　　T——清除沉砂的间隔时间，d，一般取 $1 \sim 2d$。

设计中取 $T = 2d$，得到 $V = 3.00m^3$。

7. 每个沉砂斗容积

$$V_0 = \frac{V}{n}$$

式中　n——沉砂斗个数，个。

设计中取 $n = 2$，得到 $V_0 = 1.50m^3$。

8. 沉砂斗上口宽度

$$a = \frac{2h_3'}{\tan\alpha} + a_1$$

式中　h_3'——沉砂斗高度，m；

  α——沉砂斗壁与水平面的倾角，一般采用圆形沉砂池 $\alpha = 55°$，矩形沉砂池 $\alpha = 60°$；

  a_1——沉砂斗底宽度，m，一般采用 $0.4 \sim 0.5$m。

  设计中取 $h_3^1 = 1.4$m，$\alpha = 60°$，$a_1 = 0.5$m，得到 $a = 2.12$m。

9. 沉砂斗有效容积

$$V_0' = \frac{h_3'}{3}(a^2 + aa_1 + a_1^2)$$

得到 $V_0' = 2.71\text{m}^3 > 1.50\text{m}^3$。

10. 进水渠道

格栅出水通过 $DN1200$mm 的管道送入沉砂池的进水渠道，然后向两侧配水进入沉砂池，进水渠道水流流速：

$$V_1 = \frac{Q}{B_1 H_1}$$

式中 B_1——进水渠道宽度，m；

  H_1——进水渠道水深，m。

  设计中取 $B_1 = 1.8$m，$H_1 = 0.5$m，得到 $V_1 = 0.45$m/s。

11. 出水装置

出水采用沉砂池末端薄壁出水堰跌落出水，出水堰可保证沉砂池内水位标高恒定，上水头：

$$H_1 = \left(\frac{Q}{mb_2\sqrt{2g}}\right)^{\frac{2}{3}}$$

式中 Q——沉砂池内设计流量，m^3/s；

  m——流量系数，一般采用 $0.4 \sim 0.5$；

  b_2——堰宽，m，等于沉砂池的宽度。

  设计中取 $m = 0.4$，$b_2 = 2.03$m，得到 $H_1 = 0.23$m。

  出水堰后自由跌落 0.15m，出水流入出水槽，出水槽宽度 $B_2 = 0.8$m，出水槽水深 $h_2 = 0.35$m，水流流速 $v_2 = 0.89$m/s。采用出水管道在出水槽中部与出水槽连接，出水管道采用钢管。管径 $DN_2 = 800$mm，管内流速 $v_2 = 0.99$m/s，水力坡度 $i = 1.46\%$。

12. 排砂装置

采用吸砂泵排砂，吸砂泵设置在沉砂斗内，借助空气提升将沉砂排出沉砂池，吸砂泵管径 $DN = 200$mm。

（四）初沉池及其设计

初次沉淀池是借助于污水中的悬浮物质在重力的作用下可以下沉，从而与污水分离，初次沉淀池去除悬浮物 $40\% \sim 60\%$，去除 BOD_5 $20\% \sim 30\%$。

初次沉淀池按照运行方式不同可分为平流沉淀池、竖流沉淀池、辐流沉淀池、斜板沉淀池。设计中采用平流沉淀池，平流沉淀池是利用污水从沉淀池一端流入，按水平方向沿沉淀池长度从另一端流出，污水在沉淀池内水平流动时，污水中的悬浮物在重力作用下沉淀，与污水分离。平流沉淀池由进水装置、出水装置、沉淀区、缓冲层、污泥区及排泥装置组成。沉淀池设 2 组，$N = 2$ 组，每组设计流量 $Q = 0.4051\text{m}^3/\text{s}$。

1. 沉淀池表面积

$$F = \frac{3600Q}{q'}$$

式中　F——沉淀池表面积，m^2；

　　　q'——表面负荷，$\text{m}^3/(\text{m}^2 \cdot \text{h})$，一般采用 $1.5 \sim 3.0\text{m}^3/(\text{m}^2 \cdot \text{h})$。

2. 水流过水断面积

$$A = \frac{Q}{v_1}$$

式中　v_1——水平流速，m/s，一般采用 $0.06 \sim 0.12\text{m/s}$。

设计中取水平流速 $v_1 = 0.1\text{m/s}$，得到 $A = 4.051\text{m}$。

3. 沉砂池宽度

$$B = \frac{A}{h_2}$$

式中　h_2——沉砂池有效水深，m，一般采用 $2 \sim 3\text{m}$。

设计中取 $h_2 = 2.0\text{m}$，得到 $B = 2.03\text{m}$。$B/h_2 = 1.01 < 2$，满足要求。

4. 沉淀池宽度

$$B = F/L$$

得到 $B = 27\text{m}$。

5. 沉淀池格数

$$n_1 = \frac{B}{b}$$

式中　b——沉淀池分格的每格宽度，m。

设计中取 $b = 4.8\text{m}$，得到 $n_1 = 5.625$ 个，取 6 个。

6. 校核长宽比及长深比

长宽比为 5.6，大于 4，满足要求；

长深比为 9，满足 $8 \sim 12$ 之间的要求。

7. 污泥部分所需容积

$$V = \frac{Q(C_1 - C_2)86400T100}{K_2\gamma(100 - P_0)n \times 10^6}$$

式中　Q——设计流量，m^3/s；

　　　C_1——进水悬浮物浓度，mg/L；

　　　C_2——出水悬浮物浓度，mg/L，一般采用沉淀效率 $\eta = 40\% \sim 60\%$；

　　　K_2——生活污水量总变化系数；

　　　γ——污泥容重，t/m^3，约为 1；

　　　P_0——污泥含水率，%。

设计中取每次排泥间隔时间 $T = 1d$，污泥含水率 $P_0 = 97\%$，沉淀池的沉淀效率 $\eta = 50\%$，出水悬浮物浓度 $C_2 = [100\% - 50\%] \times C_1 = 0.5 \times C_1$，计算得 $V = 145.9\text{m}^2$。

8. 每格沉淀池污泥部分所需容积

$$V' = \frac{V}{n_1}$$

得到 $V' = 24.3\text{m}^3$，设计中取 25m^3。

9. 污泥斗容积

$$V_1 = \frac{h_4}{3}(a^2 + aa_1 + a_1^2)$$

式中 a——沉淀池污泥斗上口边长，m；

a_1——沉淀池污泥斗下口边长，m，一般采用 $0.4 \sim 0.5\text{m}$；

h_4——污泥斗高度，m。

设计中取 $a = 4.8\text{m}$，$h_4 = 3.72\text{m}$，$a_1 = 0.5\text{m}$，得到 $V_1 = 31.86\text{m}^3 > 30\text{m}^3$。

10. 沉淀池总高度

$$H = h_1 + h_2 + h_3 + h_4$$

式中 h_1——沉淀池超高，m，一般采用 $0.3 \sim 0.5$；

h_3——缓冲层高度，m，一般采用 0.3；

h_4——污泥部分高度，m，一般采用污泥斗高度与池底坡底 $i = 1\%$ 的高度之和。

设计中取 $h_1 = 0.3\text{m}$，$h_3 = 0.3\text{m}$，得 $h_4 = 3.94\text{m}$，得到 $H = 7.54\text{m}$。

11. 进水配水井

沉淀池分为 2 组，每组分为 6 格，每组沉淀池进水端设进水配水井，污水在配水井内平均分配，然后流进每组沉淀池。

配水井内中心管直径：

$$D' = \sqrt{\frac{4Q}{\pi v_2}}$$

式中 v_2——配水井内中心管上升流速，m/s，一般采用 $v_2 \geqq 0.6\text{m/s}$。

设计中取 $v_2 = 0.7\text{m/s}$，得到 $D' = 1.21\text{m}$。

配水井直径：

$$D_3 = \sqrt{\frac{4Q}{\pi v_3} + D'^2}$$

式中 v_3——配水井内污水流速，m/s，一般取 $v_3 = 0.2 \sim 0.4\text{m/s}$。

设计中取 $v_3 = 0.3\text{m/s}$，得到 $D_3 = 2.22\text{m}$。

12. 进水渠道

沉淀池分为两组，每组沉淀池进水端设进水渠道，配水井接触的 $DN1000$ 进水管从进水渠道中部汇入，污水沿进水渠道向两侧流动，通过潜孔进入配水渠道，然后由穿孔花墙流入沉淀池。

$$v_1 = \frac{Q}{B_1 H_1}$$

式中 B_1——进水渠道宽度，m；

H_1——进水渠道水深，m，$B_1 : H_1$ 一般采用 $0.5 \sim 2.0$。

设计中取 $B_1 = 1.0m$，$H_1 = 0.8m$，得到 $v_1 = 0.51 > 0.4m/s$。

13. 进水穿孔花墙

进水采用配水渠道通过穿孔花墙进水，配水渠道宽 0.5m，有效水深 0.8m，穿孔花墙的开孔总面积为过水断面面积的 6%～20%，则过孔流速为：

$$v_2 = \frac{Q}{B_2 h_2 n_1}$$

式中　v_2——穿孔花墙过孔流速，m/s，一般采用 0.05～0.15m/s；

　　　B_2——孔洞的宽度，m；

　　　h_2——孔洞的高度，m；

　　　n_1——孔洞的数量，个。

设计中取 $B_2 = 0.2m$，$h_2 = 0.4m$，$n = 10$ 个，得到 $v_2 = 0.09m/s$。

14. 出水堰

沉淀池出水经过出水堰跌落进入出水渠道，然后汇入出水管道排走。出水堰采用矩形薄壁堰，堰后自由跌落水头 0.1～0.15m，堰上水深 H 为：

$$Q = m_0 bH \sqrt{2gH}$$

式中　m_0——流量系数，一般采用 0.45；

　　　b——出水堰宽度，m；

　　　H——出水堰顶水深，m。

设计中取 $m_0 = 0.45$，$b = 4.8m$，得到 $H = 0.037m$。

出水堰后自由跌落采用 0.15m，则出水堰水头损失为 0.187m。

15. 出水渠道

沉淀池出水端设出水渠道，出水管与出水渠道连接，将污水送至集水井。

16. 进水挡板、出水挡板

沉淀池设进水挡板和出水挡板，进水挡板距进水穿孔花墙 0.5m，挡板高出水面 0.3m，伸入水下 0.8m。出水挡板距出水堰 0.5m，挡板高出水面 0.3m，伸入水下 0.5m。在出水挡板处设一个浮渣收集装置，用来收集拦截的浮渣。

17. 排泥管

沉淀池采用重力排泥，排泥管直径 $DN300mm$，排泥时间 $t_4 = 20min$，排泥管流速 $v_4 = 0.82m/s$，排泥管伸入污泥斗底部。排泥管上端高出水面 0.3m，便于清通和排气。排泥静水压头采用 1.2m。

18. 刮泥装置

沉淀池采用行车式刮泥机，刮泥机设于池顶，刮板伸入池底，刮泥机行走时将污泥推入污泥斗内。

（五）曝气池及其设计

设计中采用传统活性污泥法。传统活性污泥法，又称普通活性污泥法，污水从池子首端进入池内，二沉池回流的污泥也同步进入，废水在池内呈推流形式流至池子末端，其池型为多廊道式，污水流出池外进入二次沉淀池，进行泥水分离。污水在推流过程中，有机物在微生物的作用下得到降解，浓度逐渐降低。传统活性污泥法对污水处理效率高，BOD

去除率可达到90%以上，是较早开始使用并沿用至今的一种运行方式。

1. 污水处理程度计算

假定一级处理对BOD_5的去除率为25%，则进入曝气池中污水的BOD_5浓度为：

$$S_a = S_\gamma \times (1 - 25\%)$$

计算得225mg/L，污水经二级处理后，出水中BOD_5浓度小于20mg/L，由此确定污水处理程度η。

计算得到$\eta_{BOD_5} = (225 - 20)/225 = 91.1\%$，$\eta_{ss} = 92.4\%$。

2. BOD_5-污泥负荷率

$$N_s = \frac{K_2 S_a f}{\eta}$$

式中　N_s——BOD_5-污泥负荷率，$kgBOD_5/(kgMLSS \cdot d)$；

K_2——有机物最大比降解速度与饱和常数的比值，一般采用$0.0168 \sim 0.0281$之间；

S_e——处理后出水中BOD_5浓度，mg/L，按要求应小于20mg/L；

f——MLVSS/MLSS值，一般为$0.7 \sim 0.8$；

η——BOD_5的去除率，为91.1%。

设计中取$K_2 = 0.02$，$S_e = 20mg/L$，$f = 0.75$，计算得到$N_s = 0.33kgBOD_5/(kgMLSS \cdot d)$。

3. 曝气池内混合液污泥浓度计算

$$X = \frac{Rr \times 10^6}{(1 + R) \cdot SVI}$$

式中　X——混合液污泥浓度，mg/L；

R——污泥回流比，一般采用$25\% \sim 75\%$；

r——系数；

SVI——污泥容积指数，根据N_s，查图得$SVI = 120$。

设计中取$R = 50\%$，$r = 1$，计算得到$X = 3333.3mg/L$。

4. 曝气池的有效容积

$$V = \frac{QS_a}{N_s X}$$

式中　V——曝气池的有效容积，m^3；

Q——曝气池的进水量，m^3/d；按平均流量计算；

S_a——曝气池进水中BOD_5浓度值，mg/L。

设计中取$Q = 50000m^3/d$，$S_a = 225mg/L$，计算得到$V = 10227.4m^3$。

5. 单座曝气池面积

设计中取2个曝气池，则每组曝气池的有效容积$10227.4/2 = 5113.7m^3$。单座曝气池面积：

$$F = \frac{V_1}{H}$$

式中　F——单座曝气池表面积，m^2；

　　　H——曝气池的有效水深，m。

设计中取曝气池的有效水深 $H = 4.2m$，则 $F = 1217.5m^2$。

6. 曝气池长度

$$L = \frac{F}{B}$$

式中　L——曝气池长度，m；

　　　B——曝气池宽度，m。

$L/B = 48.7 > 10$，符合规定。

设计中取曝气池宽度 $B = 5.0m$，则 $L = 243.5m$。共设 7 道廊，每廊道长 34.79m，取为 35m。

7. 曝气池总高度：

$$H_总 = H + h$$

式中　$H_总$——曝气池总高度，m；

　　　h——曝气池超高，m，一般取 $0.3 \sim 0.5m$。

设计中取 $h = 0.5m$，则 $H = 4.7m$。

8. 曝气池进水系统

初沉池出水通过 $DN1200mm$ 管道送入曝气池进水渠道，然后向两侧配水最大流量时，污水在渠道内的流速为：

$$v_2 = \frac{Q_s}{Nbh_1}$$

式中　v_2——污水在渠道内的流速，m/s；

　　　b——渠道的宽度，m；

　　　h_1——渠道内的有效水深，m。

设计中取 $b = 1.0m$，$h_1 = 1.0m$，则 $v_2 = 0.4051m/s$。

曝气池采用潜孔进水，所需孔口总面积为：

$$A = \frac{Q_s}{Nv_3}$$

式中　A——所需孔口总面积，m^2；

　　　v_3——孔口流速，m/s，一般取值为 $0.2 \sim 1.5m/s$。

设计中取 $v_3 = 0.4m/s$，则 $A = 1.013m^2$。每个孔口尺寸 $0.5m \times 0.5m$，共 5 个。

9. 曝气池出水系统

曝气池出水采用矩形薄壁堰，跌落出水，堰上水头为：

$$H_1 = \left(\frac{Q_1}{mb_2\sqrt{2g}} \right)^{\frac{2}{3}}$$

式中　H_1——堰上水头，m；

　　　Q_1——曝气池内总流量，m^3/s，指污水最大流量（$0.996m^3/s$）和回流污泥量（$0.717 \times 50\% \ m^2/s$）之和；

m——流量系数，一般取值为 0.4~0.5；

b_2——堰宽，m，等于曝气池宽度。

设计中取流量系数 $m=0.4$，堰宽 $b_2=5.0$m，则 $H_1=0.16$m。

每组曝气池的出水管管径为 1000mm，管内流量：

$$v_4 = \frac{4Q_3}{\pi N d_1^2}$$

设计中取 $d_1=1.0$m，得到 $v_4=0.52$m/s。

两组曝气池的出水管径为 1000mm，汇成一条直径为 1300mm 的总管，送往二次沉淀池，总管内的流速为 0.62m/s。

10. 管道设计

（1）中位管。曝气池中部设中位管，在活性污泥培养驯化时排放上清液。中位管管径为 600mm。

（2）放空管。曝气池在检修时，需要将水放空，因此应在曝气池底部设放空管，放空管管径为 500mm。

（3）污泥回流管。二沉池的污泥需回流至曝气池首端，因此应设污泥回流管，污泥回流管管径：

$$d_2 = \sqrt{\frac{4Q_2}{\pi v_5}}$$

式中　Q_2——每组曝气池回流污泥量，m；

v_5——回流污泥管内污泥流速，m/s，一般采用 0.6~2.0m/s。

设计中取 $v_5=1.0$m/s，得到 $d_2=0.43$m，设计中取为 500mm。

（4）消泡管。在曝气池隔墙上设置消泡水管，管径为 $DN25$mm，管上设阀门。消泡管是用来消除曝气池在运行初期和运行过程中产生的泡沫。

（5）空气管。曝气池内需设置空气管路，并设置空气扩散设备，起到充氧和搅拌混合的作用。

11. 曝气池需氧量计算

依照气水比 5:1 进行计算，$Q=14580$m³/h。

12. 鼓风机选择

空气扩散装置安装在距离池底 0.2m 处，曝气池有效水深为 4.2m，空气管路内的水头损失按 1.0m 计，则空压机所需压力为：

$$P = (4.2 - 0.2 + 1.0) \times 9.8 = 49 \text{kPa}$$

鼓风机供气量：

$$G_{s,max} = 14580 \text{m}^3/\text{h} = 243 \text{m}^3/\text{min}$$

根据所需压力及空气量，选择 RE-250 型罗茨鼓风机，共 5 台，该鼓风机风压 49kPa，风量 75.8m³/min。正常条件下，3 台工作，2 台备用；高负荷时，4 台工作，1 台备用。

（六）二沉池及其设计

二沉池一般可分为平流式、辐流式、竖流式和斜板（管）等几类。

　　平流式沉淀池可用于大、中、小型污水处理厂，但一般多用于初沉池，作为二沉池比较少见。平流式沉淀池配水不易均匀，排泥设施复杂，不易管理。

　　辐流式沉淀池一般采用对称布置，配水采用集配水井，这样各池之间配水均匀，结构紧凑。辐流式沉淀池排泥机械已定型化，运行效果好，管理方便。辐流式沉淀池适用于大、中型污水处理厂。

　　竖流式沉淀池一般用于小型污水处理厂以及中小型污水处理厂的污泥浓缩池。该池型的占地面积小、运行管理简单，但埋深较大，施工困难，耐冲击负荷差。

　　斜管（板）沉淀池具有沉淀效率高、停留时间短、占地少等优点。一般常用于小型污水处理厂或工业企业内的小型污水处理站。斜管（板）沉淀池处理效果不稳定，容易形成污泥堵塞，维护管理不便。

　　设计中选用辐流沉淀池，沉淀池设 2 组，$N = 2$ 组，每组设计流量 $0.405 \mathrm{m^3/s}$。

　　1. 沉淀池表面积

$$F = \frac{3600Q}{q'}$$

式中　F——沉淀池表面积，$\mathrm{m^2}$；

　　　　q'——表面负荷，$\mathrm{m^3/(m^2 \cdot h)}$，一般采用 $0.5 \sim 1.5 \mathrm{m^3/(m^2 \cdot h)}$。

　　设计中取 $q' = 1.4 \mathrm{m^3/(m^2 \cdot h)}$，得到 $F = 1041.4 \mathrm{m^2}$。

　　2. 沉淀池直径

$$D = \sqrt{\frac{4F}{\pi}}$$

得到 $D = 36.4 \mathrm{m}$。

　　3. 沉淀池有效水深

$$h_2 = q' \times t$$

式中　h_2——沉淀池有效水深，m；

　　　　t——沉淀时间，h，一般采用 $1 \sim 3 \mathrm{h}$。

　　设计中取 $t = 2.5 \mathrm{h}$，得到 $h_2 = 3.5 \mathrm{m}$。

　　4. 径深比

$D/h_2 = 10.4$，满足 $6 \sim 12$ 之间的要求。

　　5. 沉淀池的进、出水管道设计

进水管：流量应为设计流量 + 回流量，管径计算为 900mm；

出水管：管径计算为 800mm；

排泥管：管径为 500mm。

　　6. 出水堰计算

堰上负荷的校核。规定堰上负荷范围 $1.5 \sim 2.9 \mathrm{L/(m \cdot s)}$ 之间。

　　7. 沉淀池总高度

$$H = h_1 + h_2 + h_3 + h_4 + h_5$$

式中　H——沉淀池总高度，m；

h_1——沉淀池超高，m，一般采用 $0.3 \sim 0.5$m；

h_2——沉淀池有效水深，m；

h_3——沉淀池缓冲层高度，m，一般采用 0.3m；

h_4——沉淀池底部圆锥体高度，m；

h_5——沉淀池污泥区高度，m。

设计中取 $h_1 = 0.3$m，$h_3 = 0.3$m，$h_2 = 3.5$m。

根据污泥部分容积过大及二沉池污泥的特点，采用机械刮吸泥机连续排泥，池底坡度为 0.05。

$$h_4 = (r - r_1) \times i$$

式中　r——沉淀池半径，m；

r_1——沉淀池进水竖井半径，m，一般采用 1.0m；

i——沉淀池池底坡度。

设计中取 $r_1 = 1.0$m，$i = 0.05$，得到 $h_4 = 0.86$m。

计算可得 $h_5 = 1.20$m。

得到 $H = 6.16$m。

（七）消毒接触池及其设计

污水经过以上构筑物处理后，虽然水质得到了改善，细菌数量也大幅减少，但是细菌的绝对值依然十分客观，并有存在病原菌的可能。因此，污水在排放水体前，应进行消毒处理。

设计中采用平流式消毒接触池，消毒接触池设 2 组，每组 3 廊道。

1. 消毒接触池容积

$$V = Qt$$

式中　Q——单池污水设计流量，m^3/s；

t——消毒接触时间，min，一般采用 30min。

设计中取 $t = 30$min，得每组消毒接触池的容积为 729m^3。

2. 消毒接触池表面积

$$F = V/h_2$$

式中　h_2——消毒池有效水深，设计中取为 2.5m。

设计中取 $h_2 = 2.5$m，得到 $F = 291.6m^2$。

3. 消毒接触池池长

$$L' = F/B$$

式中　B——消毒池宽度，m，设计中取为 5m。

设计中取 $B = 5$m，计算得 $L = 58.32$m。每廊道长为 19.44m，设计中取为 20m。

校核长宽比：$L'/B = 11.7 > 10$，合乎要求。

4. 消毒接触池池高

$$H = h_1 + h_2$$

式中　h_1——消毒池超高，m，一般采用 0.3m。

设计中取 $h_1 = 0.3$m，计算得 $H = 2.8$m。

5. 进水部分

每个消毒接触池的进水管管径 $D = 800\text{mm}$，$v = 1.0\text{m/s}$。

6. 混合

采用管道混合的方式，加氯管线直接接入消毒接触池进水管，为增强混合效果，加氯点后接 $D = 800\text{mm}$ 的静态混合器。

（八）污泥浓缩池及其设计

污泥浓缩的对象是颗粒间的空隙水，浓缩的目的是在于缩小污泥的体积，便于后续污泥处理，常用污泥浓缩池分为竖流浓缩池和辐流浓缩池 2 种。二沉池排出的剩余污泥含水率高，污泥数量较大，需要进行浓缩处理；初沉污泥含水量较低，可以不采用浓缩处理。设计中一般采用浓缩池处理剩余活性污泥。浓缩前污泥含水率 99%，浓缩后污泥含水率 97%。

1. 剩余污泥量计算

曝气池内每日增加的污泥量：

$$\Delta X = Y(S_a - S_e)Q - K_d V X_v$$

式中　ΔX——每日增长的污泥量，kg/d；

　　　S_a——曝气池进水 BOD5 浓度，mg/L；

　　　S_e——曝气池出水 BOD5 浓度，mg/L；

　　　Y——污泥产率系数，一般采用 0.5 ~ 0.7；

　　　Q——污水平均流量，m^3/d；

　　　K_d——污泥自身氧化率，一般取 0.04 ~ 0.1；

　　　V——曝气池容积，m^3；

　　　X_v——挥发性污泥浓度，mg/L。

已知 $S_a = 225\text{mg/L}$，$S_e = 20\text{mg/L}$，$Q = 50000\text{m}^3/\text{d}$，$V = 10227.4\text{m}^3$，$X_v = 2500\text{mg/L}$，取 $Y = 0.6$，$K_d = 0.1$，得到 $\Delta X = 3593.15\text{kg/d}$。

2. 曝气池每日排出的污泥量

$$Q_2 = \frac{\Delta X}{f X_r}$$

式中　f——0.75；

　　　X_r——回流污泥浓度，mg/L。

设计中取 $X_r = 12000\text{mg/L}$，得到 $Q_2 = 0.0054\text{m}^3/\text{s}$。

采用竖流式污泥浓缩池，共两个，则单池污泥量为 $0.0023\text{m}^3/\text{s}$。

3. 中心进泥管面积

$$f = \frac{Q_1}{v_0}$$

式中　f——浓缩池中心进泥管面积，m^2；

　　　Q_1——中心进泥管设计流量，m^3/s；

　　　v_0——中心进泥管流速，m/s，一般不大于 0.03m/s。

设计中取 $v_0 = 0.03\text{m/s}$，计算得 $f = 0.077\text{m}^2$，中心进泥管直径 d_0 为 0.31m。设计中取

$d = 0.32$m，每池的进泥管采用 DN150mm，管内流速 $v = 4Q_1/\pi D^2 = 0.13$m/s。

4. 中心进泥管喇叭口与反射板之间的缝隙高度

$$h_3 = \frac{Q_1}{v_1 \pi d_1}$$

式中　v_1——污泥从中心喇叭口与反射板之间缝隙流出速度，m/s，一般为 $0.02 \sim$
　　　　　0.03m/s；

d_1——喇叭口直径，m，一般采用 $d_1 = 1.35d_0$。

设计中取 $v_1 = 0.02$m/s，$d_1 = 1.35d_0 = 0.43$m，计算得 $h_3 = 0.09$m。

5. 浓缩池分理出的污水量

$$q = Q\frac{P - P_0}{100 - P_0}$$

式中　q——浓缩后分离出的污水量，m^3/s；

P——浓缩前污泥含水率，一般采用99%；

P_0——浓缩后污泥含水率，一般采用97%。

设计中取 $P = 99\%$，$P_0 = 97\%$，计算得 $q = 0.0015m^3$/s。

6. 浓缩池水流部分面积

$$F = \frac{q}{v}$$

式中　v——污水在浓缩池内上升流速，m/s，一般采用 $0.05 \sim 0.1$m/s。

设计中取 $v = 0.067$m/s，计算得 $F = 22.4m^2$。

7. 浓缩池直径

$$D = \sqrt{\frac{4(F + f)}{\pi}}$$

计算得 $D = 5.35$m，设计中取为 5.4m。

8. 浓缩池有效水深

$$h_2 = vt$$

式中　t——浓缩时间，h，一般采用 $10 \sim 16$h。

设计中取 $t = 10$h，计算得 $h_2 = 2.41$m。

9. 浓缩后剩余污泥量

$$Q_1 = Q\frac{100 - P}{100 - P_0}$$

计算得 $Q_1 = 66.24m^3$/d。

10. 浓缩池污泥斗容积

污泥斗设在浓缩池的底部，采用重力排泥。

$$h_s = \tan\alpha(R - r)$$

式中　h_s——污泥斗高度，m；

α——污泥斗倾角，(°)，圆形池体污泥斗倾角≥55°；

r——污泥斗底部半径，m，一般采用 $r = 0.5$m；

R——浓缩池半径，m。

设计中取 $\alpha = 55°$，$r = 0.25m$，得到 $h_s = 3.50m$。

污泥斗容积：

$$V = \frac{\pi}{3} h_5 (R^2 + Rr + r^2)$$

计算得到 $V = 29.41m^3$。

11. 污泥在污泥斗中停留的时间

$$T = \frac{V}{3600 Q_1}$$

计算得到 $T = 0.61h$。

12. 浓缩池总高度

$$h = h_1 + h_2 + h_3 + h_4 + h_5$$

式中　h_1——浓缩池超高，m；

　　　h_4——缓冲层高度，m；

　　　h_5——污泥斗高度，m。

设计中取 $h_1 = 0.3m$，$h_4 = 0.3m$，计算得到 $h = 6.6m$。

13. 溢流堰

浓缩池溢流出水经过溢流堰进入出水槽，然后汇入出水管排出。出水槽流量 $q = 0.0015m^3/s$，设出水槽宽 $b = 0.15m$，水深 $0.05m$，则水流速为 $0.2m/s$，溢流堰周长：

$$c = \pi(D - 2b)$$

计算得到 $c = 15.86m$。

溢流堰采用单侧 $90°$ 三角形出水堰，三角堰顶宽 $0.16m$，深 $0.08m$，每格沉淀池有 110 个三角堰，三角堰流量 q_0 为：

$$Q_1 = 0.0015/110 = 0.0000136m^3/s$$
$$h' = 0.7 q_0 2/5$$

式中　q_0——每个三角堰流量，m^3/s；

　　　h'——三角堰堰水深，m。

计算得到 $h' = 0.0079m$。

第四节　生产废水处理设计计算实例

一、某日用化工厂生产废水处理工程实例

（一）工程概况

某日用化工厂每天排放总废水量约 $1800m^3/d$，主要包括了香波生产废水、牙膏生产废水和厂区生活污水。工厂 24h 工作，分三班运行。香波废水 pH 值为 7，水温 50~60℃。香波废水的主要成分为十二醇硫酸钠等表面活性剂。牙膏废水含有大量粉尘和含硅物质，导致废水悬浮物浓度较高。牙膏废水的主要成分一般有 CMC、发泡剂、润滑剂、调味剂和

一些其他添加成分，因来自管路、罐体冲洗而水温较高，一般在 70~80℃。

（二）设计水质

设计水量、水质见表 5-5，设计出水水质见表 5-6。

表 5-5　进水水量及水质

进水指标	生产废水进水	生活污水进水
水量/$m^3 \cdot d^{-1}$	1200	600
COD_{Cr}/$mg \cdot L^{-1}$	8000	500
BOD_5/$mg \cdot L^{-1}$	1600	225
pH 值	6~8	6~8.5
LAS/$mg \cdot L^{-1}$	1000	—
NH_yN/$mg \cdot L^{-1}$	100	50
总磷/$mg \cdot L^{-1}$	4	3
温度/℃	40~45	接近环境温度
石油类/$mg \cdot L^{-1}$	50	—
氟化物/$mg \cdot L^{-1}$	10	—
总锌/$mg \cdot L^{-1}$	10	—
TSS/$mg \cdot L^{-1}$	500	

表 5-6　设计出水水质

排放指标	排放限度/$mg \cdot L^{-1}$	排放指标	排放限度/$mg \cdot L^{-1}$
COD_{Cr}	130	总磷	1
BOD_5	50	石油类	15
pH 值	6~9	氟化物	10
LAS	10	总锌	5
NH_yN	25	TSS	150

（三）污水处理工艺

污水处理站选择主体工艺为化学混凝 + 水解酸化 + 二级好氧，如图 5-10 所示。

（四）工艺流程说明

将生产线产生的废水汇集到 1 号提升泵站，在泵站前端设置一台人工细格栅，用于去除细小的杂物。流入泵站内的废水由潜污泵抽至生产废水调节池，经均质均量后与聚合氯化铝（PAc）在管道混合器的作用下充分混合后流入混凝反应池。在机械搅拌器作用下，反应池内的废水与投加的 NaOH 和聚丙烯酰氨（PAM）充分混合。并生成絮体，流入 1 号斜管沉淀池进行固液分离。此过程可去除废水中大的 SS、表面活性剂和锌离子等污染物，同时可降低废水的有机物浓度。1 号斜管沉淀池出水流入沉淀出水池后由潜污泵提升至冷却塔进行降温。降温至 40℃ 以下的废水流入混合水池，在机械搅拌器作用下与生活污水充分混合。

将办公生活污水汇集到 2 号提升泵站，在泵站前端设置一台粗格栅和一台细格栅，粗

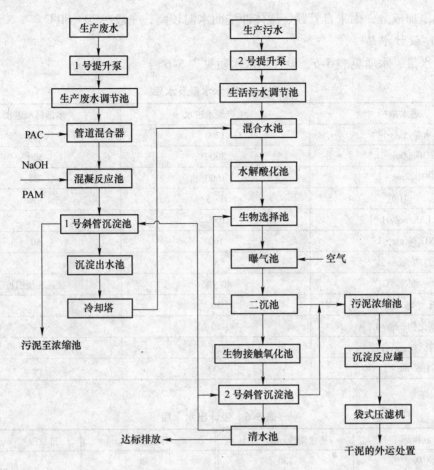

图 5-10 污水处理工艺流程

格栅用于去除较大的杂物，细格栅用于去除细小的杂物。流入泵站内的污水由潜污泵抽至生活污水调节池，均质均量后，再由潜污泵抽至混合水池与生产废水混合。

混合水池中的综合废水均质均量后由潜污泵提升至水解酸化池，水解酸化池一方面是降解废水中大分子有机物，另一方面是提升至酸化池中通过反硝化作用被还原成氮气逸出。水解酸化池出水自流进入生物选择池。

进入生物选择池的废水与二沉池中的回流污泥完全混合，混合液流入曝气池（一级好氧），在曝气池内主要完成有机物的降解和硝化反应，池内设有曝气系统，为有机物的降解和氨氮的硝化提供充足的氧量。好氧池混合液由回流泵抽至水解酸化池，回流量取200％。

好氧池出水进入二沉池完成固液分离过程，上层清液自流进入生物接触氧化池进行二级处理。生物接触氧化池主要用途是进一步去除水中的COD、BOD和SS，确保出水水质达标。出水进入2号斜管沉淀池完成固液分离过程，上层清液排入清水池。清水池一部分水用于斜管反冲洗，其余部分达标外排。

1号斜管沉淀池和2号斜管沉淀池的沉降污泥由污泥泵抽至污泥浓缩池，二沉池的沉降污泥一部分由泵抽至生物选择池补充曝气池的微生物浓度，剩余污泥抽至污泥浓缩池。污泥浓缩池的污泥由污泥泵提升至污泥反应罐，在反应罐内投加聚丙烯酰氨（PAM），通过机械搅拌作用使污泥与药剂充分混合后，罐内的污泥再由进泥泵抽至带式脱水机进行脱水，泥饼外运。污泥池上层液和带式压滤机滤液流到生产废水调节池重新处理。

（五）单元描述与设计参数说明

1. 预处理部分

预处理部分主要由提升泵站、调节池、混凝反应池、1 号斜管沉淀池、出水池、冷却塔和混合水池组成。

1 号提升泵站：平均水力停留时间为 2h，泵站前端设置 1 台人工细格栅，用于去除细小杂物；泵站内安装 2 台潜污泵，耐温大于 70℃。

2 号提升泵站：平均水力停留时间为 2h，泵站前端设置人工粗格栅和细格栅各 1 台，用于去除大、小杂物；泵站内安装 2 台潜污泵，常温。

生产废水调节池：平均水力停留时间为 28h，池内设置潜水搅拌器 2 台，废水在调节池内得到充分混合搅拌，起到较好的均质均量作用，减小水质和水量的波动，保持后续化学处理的稳定性，同时使后续生化池内微生物避免了冲击负荷，有利于生化系统的良好运行。

生活污水调节池：平均水力停留时间为 9.6h，池内设置潜水搅拌器 1 台，污水在调节池内得到充分混合搅拌，起到较好地均质均量的作用，使生活污水在池内达到水质均匀。

混凝反应池：平均水力停留时间为 30min，在池前设置 1 台管道混合器，废水在混合器作用与 PAC 充分混合，然后流入反应池。向反应池投加 NaOH 和 PAM，池内设置 1 台搅拌器，使废水与药剂得到充分混合并生成絮体。此过程可去除废水中的 SS、表面活性剂和锌离子等污染物，同时可降低废水的有机物浓度，减少后续生物处理的负荷。

1 号斜管沉淀池：有效水力停留时间为 2h，池内安装斜管，主要是将混凝反应池的出水进行固液分离。

出水池：平均水力停留时间为 60min，池内设置 2 台潜污泵，将废水提升到冷却塔。冷却塔：冷却塔的作用是将生产废水进行降温，可将水温降至 40℃以下。混合水池：平均水力停留时间为 60min，池内设置潜水搅拌器 2 台，生产废水和生活污水在池内可得到充分混合搅拌，起到较好的均质均量作用，减小水质和水量的波动，使后续生化池内的微生物避免了冲击负荷，有利于生化系统的良好运行。

2. 生物处理部分

生物处理部分主要由水解酸化池、生物选择池、曝气池、二沉池、生物接触氧化池和 2 号斜管沉淀池组成。

水解酸化池：平均水力停留时间为 19.2h，池内安装 2 台潜水搅拌器，保持废水中的污泥均匀分布，更好地降解废水中大分子有机物，提高废水的可生化性。同时可完成反硝化反应，硝态氮在水解酸化池中通过反硝化作用被还原成氮气溢出。生物选择池：平均水力停留时间为 53min，进水与二沉池中的回流污泥完全混合。通过提高选择池中的基质浓度梯度，提高污泥负荷，可以避免后续好氧工艺发生污泥膨胀，提高系统运行的稳定性。曝气池：平均水力停留时间为 36.6h，池内安装微孔曝气器，通过鼓风机供气为有机物的降解和氨氮的硝化提供充足的氧量。在曝气池内主要完成有机物的降解和硝化反应，在好氧培养过程中，通过好氧微生物的分解处理，废水中的有机物进一步被去除；氨氮被硝化菌转化成硝酸氮。二沉池：有效水力停留时间为3.5h，竖流式沉淀池，池内安装稳流筒，对曝气池出水进行固液分离。生物接触氧化池：平均水力停留时间为2.8h，池内安装组合填料，底部安装微孔曝气器，通过鼓风机为有机物的降解提供充足的氧量。主要作用是进一步去除水中的COD、BOD和SS，确保出水水质达标。2号斜管沉淀池：有效水力停留时间为2h，池内安装斜管，主要是将生物接触氧化池的出水进行固液分离。

3. 污泥处理部分

连续运行的污泥浓缩池接受来自1号斜管沉淀池与2号斜管沉淀池的沉降污泥和二沉池的剩余污泥进行浓缩减容，浓缩污泥由带式压滤机进行脱水处理后，泥饼外运处理。污泥系统的脱出水同流至生产废水调节池，重新回到系统处理。

（六）处理效果

各处理单元出水水质检测结果见表5-7。

表5-7　各处理单元出水水质检测结果　　　　　　（mg/L，除 pH 值）

日期	生产废水调节池 COD	混凝出水 COD	水解酸化出水 COD	一级好氧出水 COD	二级好氧出水 COD	最终出水 COD	最终出水 pH 值
2005.7.2	5081	914	750	181	155	90	7.10
2005.7.9	5384	1127	862	259	139	94	6.25
2005.7.16	5265	1212	725	311	130	92	6.57
2005.7.23	7329	—	709	269	133	85	6.60
2005.7.30	4723	1299	1045	282	120	92	6.47
2005.8.1	4773	1343	975	288	142	75	6.43
2005.8.8	5179	1369	1346	283	120	82	6.68
2005.8.15	5004	1988	1695	455	94	74	6.8
2005.8.22	5162	2035	1895	537	101	72	6.58
2005.8.29	5428	2103	2080	422	125	93	6.57
去除率/%	—	72	19	73	62	33	—

（七）结论

（1）化学日用品生产废水经化学混凝处理可有效去除表面活性剂和悬浮物，同时降低废水中的有机物浓度，COD_{Cr} 去除率可达 60% ~ 80%。

（2）化学混凝处理也可去除总磷和锌离子浓度，同时减少泡沫的产生。

（3）此类废水温度较高，被降温至35℃左右再进入生物系统进行处理，可达到较佳的处理效果。

（4）根据进水水量及水质情况调节曝气池的供气量，曝气池营养比应符合微生物的生长要求。

（5）斜管沉淀池容易堵塞，应定期进行反冲洗。

二、某生物制品公司废水处理设计计算实例

（一）工程概况

该生物制品有限公司的产品为各种液体、固体型淀粉酶，糖化酶，广泛应用于淀粉糖、酒精、啤酒、味精、食品酿造、有机酸、纺织印染、造纸、抗菌素及其他发酵工业。生产原料主要为淀粉、玉米浆等。生产过程中产生的废水主要有二类：第一类为洗罐水、洗板框、滤布废水和超滤废液，这部分废水为浓度水，COD 达 20000mg/L 左右，其中超滤废液 COD 高达 35000mg/L；第二类为各种清洗浸泡水形成的相对浓度较低的稀废水，COD_{Cr} 为 3000mg/L 左右。

由于发酵废水排放不均匀，而且各种产品排放水质、水量不同，生产产品的产量和品种又随市场需求变化。所以，本项目的废水排放具有极其不均匀的特点。

（二）设计水质

进水水质、水量要求（如表 5-8）和出水水质要求（如表 5-9）。

表 5-8　生物制品公司废水水质和水量分析

废水名称	水量 /m³·d⁻¹	COD_{Cr}浓度 /mg·L⁻¹	COD_{Cr}负荷 /mg·L⁻¹	TN 浓度 /mg·L⁻¹	TN 负荷 /kg·d⁻¹	磷酸盐浓度 /mg·L⁻¹	磷酸盐负荷 /kg·d⁻¹
浓废水	350	20000	7000	1000	350	74	26
稀废水	470	3190	1500	100	47	8.5	4
总量	820	—	8500		397		30

表 5-9　生物制品公司出水水质要求

pH 值	SS	COD_{Cr}	NH_3-N	磷酸盐	总量控制	TN	磷酸盐
6~9	≤200mg/L	≤300mg/L	≤50mg/L	≤1mg/L	COD_{Cr}72t/a	7.5t/a	0.3t/a

（三）污水处理工艺

现有污水处理装置的能力由于排入污水处理站的水质和水量变化过大，在满负荷生产情况下或浓水排放的冲击下，难以维持 COD_{Cr}≤300mg/L，NH_3-N≤50mg/L，TP≤1mg/L 的排放指标。

原有处理工艺流程如图 5-11。

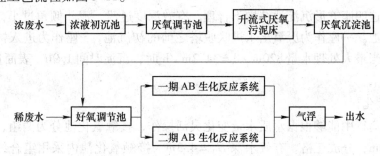

图 5-11　生物制品公司废水处理工艺流程图

全过程工艺计算说明：

1. 吹脱塔

控制 pH 值 = 10～11.5，温度 50～60°C，将 NH_4-N 转变为 NH_3，通过吹脱塔将氨气释放。设计淋水密度为 $7m^3/(m^2 \cdot h)$，塔径 1.9m，填料高度 12m。根据《中华人民共和国恶臭污染物排放标准》GB 14554—93，吹脱塔设于新车间屋顶，排放口高度大于 25m，以减少对周围环境的影响。

2. 浓液初沉池（现有）

长度 L = 3.5m，宽度 W = 1.70m，有效深度 H_0 = 1.70m，总高度 H = 3.70m，泥斗倾角 50°。处理水量 350m^3/d = 14.6m^3/h 时，沉淀时间 2.5h，表面负荷 0.68$m^3/(m^2 \cdot h)$。由于泥斗倾角过小，排泥困难，所以增设一台潜水排泥泵。

3. 预酸化平衡池（利用现有污泥池）

有效容积 90m^3。处理水量 350m^3/d = 14.6m^3/h 时，停留时间 6.2h。污泥池上增设顶盖。

4. 厌氧调节池（现有）

现有厌氧调节池有效容积 225m^3。日处理水量 350m^3/d 时，调节时间为 15.4h。调节池内通入蒸汽使浓废水水温升至 35～40°C，以保证上流式厌氧污泥床的处理效果。

5. 上流式厌氧污泥床（现有）

原有两座上流式厌氧污泥床，内径 9.2m，总高度 9.4m。本次改造除增加回流提高其运行稳定性外，不作其他的改动。

6. 厌氧沉淀池（现有）

长度×宽度 = 4m×4m，有效深度 H_0 = 2.12m，总高度 H = 5.16m，泥斗倾角 55°。处理水量 350m^3/d = 14.6m^3/h 时，沉淀时间 2.3h，表面负荷 0.91$m^3/(m^2 \cdot h)$。

7. 好氧调节池（现有）

长度×宽度 = 17.7m×9.7m，有效水深 H_0 = 2.5m，有效容积 429m^3。处理水量 820m^3/d = 34.2m^3/h 时，调节时间 12.6h。为防止污水中的悬浮物沉降，增设空气搅拌的环节。按每 100m^3 池 2m^3/min 空气量配置鼓风机。

8. 初沉池（利用现有二期沉淀池）

长度×宽度 = 3.8m×3.8m，有效深度 H_0 = 1.55m，总高度 H = 4.59m，泥斗倾角 51°。共 4 座。由于这四座方形沉淀池结构不合理，有效深度过浅，泥斗倾角过小，本次改造将它们作为初沉池。一座作为厌氧出水进吹脱塔之前的初沉池，3 座作为进入接触氧化池之前的初沉池。当最大处理水量 820m^3/d = 34.2m^3/h 时，沉淀时间 1.9h，表面负荷 0.79$m^3/(m^2 \cdot h)$。

9. 接触氧化池

为使今后运行中能够根据水质水量变化灵活操作，接触氧化池分为两组，每组长度×宽度 = 6m×16m，分成三格。有效水深 H_0 = 4.3m。接触氧化池内采用组合纤维填料。组合纤维填料的负荷为 2.5$kgCOD_{Cr}/m^3$ 时 COD_{Cr} 去除率为 75%。

接触氧化池每组设计供氧量为 $1515kgO_2/d$。采用可变孔曝气软管，每组设计供气量为 $19m^3/min$。

10. 中沉池

采用斜板沉淀池。直径 $4.5m$。有效水深 $3m$。处理水量 $34.2m^3/h$，表面负荷 $0.68m^3/(m^2 \cdot h)$。

11. 一级生物脱氮反应池

一级生物脱氮反应池根据实验所得参数设计。反应池分为三段：第一段为厌氧段，使废水中的有机氮进一步氨化以保证总氮的去除效果；第二段为缺氧段即前置反硝化段，污泥回流及好氧池混合液回流使反应池中有足够数量的微生物，并且使缺氧段得到好氧段产生的硝态氮，反硝化菌将硝态氮转化为氮气，然后使氮气从污水中释入大气。为了保证反硝化过程 C/N 比（$BOD_5 : TN = 4 : 1$）要求，设计中考虑可根据需要加入高碳低氮浓废水；第三段为好氧段即硝化段，硝化菌将氨氮氧化为硝态氮，并且进一步降解 BOD_5。1gNOT-N 还原成 N_2，生成 3.75g 碱度，反硝化阶段控制 pH 值 7.0～7.5。氧化 $1gNH_4^+$ 消耗 7.14g 碱度，硝化阶段控制 pH 值 7.5 左右。

硝化池设计 NH_4-N 负荷为 $0.095kg/(m^3 \cdot d)$，BOD_5 污泥负荷为 $0.1kg/kgMLSS \cdot d$，污泥浓度 $MLSS = 3000～4000mg/L$。内回流比 400%。

硝化池有效容积为 $2056m^3$，反硝化池有效容积为 $514m^3$，厌氧池有效容积为 $257m^3$。一级生物脱氮反应池供需总有效容积为 $2827m^3$。为充分利用现有设施，二期 AB 生化反应池（利用部分有效容积为 $707m^3$）改造成一级生物脱氮反应池（老池）。一级生物脱氮反应池（新池）总有效容积为 $2120m^3$，分为二组，每组有效容积为 $1060m^3$，设计采用可变孔曝气软管，每组设计供氧量为 $1502kgO_2/d$。设计供气量为 $18m^3/min$。

12. 二级生物脱氮反应池（利用现有一期 AB 生化反应池）

总有效容积 $404m^3$，其中缺氧段有效容积为 $101m^3$。好氧段有效容积为 $303m^3$，NH_4-N 负荷为 $0.08kg/(m^3 \cdot d)$，BOD_5 容积负荷为（每 kgMLSS）$0.13kg/d$，污泥浓度 $MLSS = 2500mg/L$。内回流比 400%，按计算设计供氧量为 $379kgO_2/d$。

13. 二沉池（利用现有一期沉淀池）

现有一期沉淀池有两座，为竖流式沉淀池，内径 $6m$，有效深度 $H_0 = 3.5m$，总高度 $H = 8.1m$，泥斗倾角 55°。处理水量 $820m^3/d = 34.2m^3/h$ 时，沉淀时间 3h，表面负荷 $0.6m^3/(m^2 \cdot h)$。

14. 气浮池（现有）

利用现有气浮池。气浮主要考虑保证磷酸盐的处理效果。如果将来产品调整使磷酸盐排放量增加，厂方可根据需要增加气浮设备。

三、某制糖废水处理工程设计实例

（一）基础资料

设计进水量：根据业主提供的资料，糖厂有两个排放口，水量情况如下：
第一排放口，$Q_1 = 3696.4m^3/d$；第二排放口，$Q_2 = 1095.1m^3/d$

总排放量 $\Sigma Q_i = Q_1 + Q_2 = 4791.5\mathrm{m^3/d} = 200\mathrm{m^3/h}$

设计进水水质：

第一排放口，$COD_{Cr} = 3540.2\mathrm{mg/L}$，$SS = 975\mathrm{mg/L}$，$pH = 7.81$

第二排放口，$COD_{Cr} = 32636.2\mathrm{mg/L}$，$SS = 3208\mathrm{mg/L}$，$pH = 4.48$

排放标准：$COD_{Cr} = 160\mathrm{mg/L}$，$SS = 70\mathrm{mg/L}$，$pH = 6 \sim 9$

（二）设计原则

制糖废水具有有机污染浓度高，可生化性较好的特点。根据这两个特点在选择处理工艺时，要充分考虑处理工艺的投资成本和运行成本，从而得到较好的投资效益和环境效益。在采用生物处理技术时，当废水的 COD_{Cr} 达到1500mg/L以上时，厌氧生物技术将明显优于好氧生物技术，二者的运行成本之比约为1:3，而且厌氧生物技术还具有以下一些特点：

（1）处理设备负荷高，占地小；

（2）产生的剩余污泥量少，而且剩余污泥的脱水性能好；

（3）对废水中的营养物需求量少；

（4）不要对高浓度废水进行稀释。厌氧生物技术在处理高浓度废水具有明显优势的同时，也有它的不足。厌氧处理后的出水 COD_{Cr} 等有机污染物浓度高于好氧，无法达到排放要求。因此，需要将两种技术加以组合，才能达到理想的目的。

（三）处理工艺

UASB发明后，目前已成为应用最为广泛的厌氧处理方法。根据本工程废水特征，厌氧处理技术采用UASB工艺（见图5-12，表5-10）。废水经过厌氧处理后尚不能达到排放要求，还需采用好氧处理，由于处理的对象主要是含碳有机废水，无须脱氮除磷，因此，采用常规的活性污泥法。由于废水中含有较高的SS，为减轻UASB的负荷，在进UASB前，需对废水进行气浮处理。

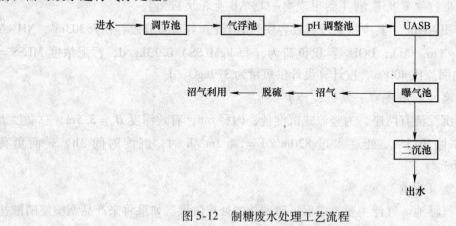

图5-12　制糖废水处理工艺流程

表5-10　制糖废水处理各段工艺处理效果预测

位置	$COD_{Cr}/\mathrm{mg \cdot L^{-1}}$	去除率/%	$SS/\mathrm{mg \cdot L^{-1}}$	去除率/%
第一排放口	3540.2	—	975	—
第二排放口	32636.2	—	3208	—
调节池平均出水	10190.1	—	1485.4	—

位　置	$COD_{Cr}/mg \cdot L^{-1}$	去除率/%	$SS/mg \cdot L^{-1}$	去除率/%
气浮出水	7133	30	149	90
UASB 出水	1070	85	—	—
好氧出水	160	85	149	55

（四）全过程工艺设计计算说明

1. 调节池设计

调节池数为 1 只，停留时间为 6h，有效容积为 1200m³。自动格栅为 1 台，栅距为 5mm，功率为 0.4kW；手动格栅 1 台，不锈钢材质，栅距为 5mm，提升水泵 3 台，2 用 1 备，单泵流量为 110m³/h，单泵功率：7.5kW。

2. UASB 反应池设计

采用常温消化，设计容积负荷为 8kgCOD_{Cr}/(m³·d)，有效容积为 4280m，反应池数为 2 只，三相分离器 2 只，温度传感器 2 只，沼气脱硫装置 2 只。

3. 涡流气浮池设计

气浮池数为 2 只，单池处理能力为 110m³/h，单池功率为 4kW，加药装置 2 只。

4. 曝气池设计

曝气池数为 2 只，污泥负荷为（每 kgSS）0.4kgCOD_{Cr}/d，污泥浓度为 3500mg/L，有效容积为 3670m³，单池容积为 1835m³，有效水深为 4.5m，曝气头数为 1230 只。

5. 沉淀池设计

沉淀池数为 2 只，表面负荷为 1m³/(m³·h)，池子直径为 φ12。刮泥机 2 只，单机功率为 1.5kW。

6. 回流污泥井设计

回流量为 140m³/h，回流泵数 3 台，2 用 1 备，单泵流量为 70m³/h，单泵功率为 5.5kW。污泥井尺寸：φ5。

7. 污泥浓缩池设计

污泥浓缩池数为 2 只，浓缩池尺寸：φ10，浓缩池水深为 4m，浓缩机 2 台，单机功率 1.5kW。

8. 污泥均衡池设计

污泥均衡池数为 1 只，均衡池尺寸：φ10，均衡池水深为 3m，液下搅拌机 1 台，单机功率为 2.2kW。

9. 脱水机房及堆棚设计

离心机 2 台，单机功率为 18.5kW。螺杆泵 2 台，加药系统 2 套，计量泵 2 台。皮带运输机 2 台。机房及堆棚尺寸：14m×10m。

10. 气罐设计

储气罐数为 2 只，罐直径：φ8，罐深 7m，液位标尺 2 只。

11. 鼓风机房设计

供氧量为 2465kg/d，供气量为 42m³/min，鼓风机数为 4 台，3 用 1 备。单机功率为 18.5kW，机房尺寸：15m×6m。

12. pH 值调节池设计

停留时间为 0.5h，酸加注泵 2 台，1 用 1 备。加注量为 6L/min，功率为 0.4kW。酸储槽容积 4m³。碱加注泵 2 台，1 用 1 备，加注量为 6L/min，0.4kW，碱储槽容积为 4m³。

13. 运行费用计算

(1) 药剂与用水：0.30 元/m³，0.30 元×4800=1440 元/d。

(2) 电费：用电量为 2719.8kW·h/d，按 0.60 元/(kW·h) 计，1613.9 元/d。

(3) 人工工资：800×6/22=218 元/d。合计：1440+1613.9+218=3271.9 元/d。

14. 工程投资计算

工程总投资约 1500 万元，即 3131 元/(m³·d)。

15. 设计小结

本处理系统通过对高浓度有机废水进行预处理，有效地去除了废水中的悬浮态有机物，大大降低了后续生化处理的负荷；采用 UASB 来处理高浓度有机废水具有占地少、处理能力强、耐冲击负荷等特点，同时也为后续好氧生化处理达标提供了可靠的保证。

第六章　工程概算的编制

第一节　基本概念

一、概算

概算是指项目初步设计或可行性研究阶段的投资计算工作。由设计单位根据初步设计的图纸、定额指标和其他工程费用定额等，对工程投资进行的概略计算。这是初步设计文件的重要组成部分。项目的初步设计、技术设计方案均应有概算，采用三段设计的技术设计阶段还应编制修正概算。概算是确定工程设计阶段的投资依据。经过主管部门批准的设计概算是控制工程投资的最高限额。

概算在建设程序中的位置如图 6-1 所示，概算的编制内容及相互关系如图 6-2 所示。

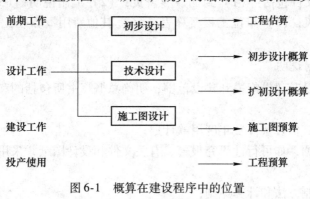

图 6-1　概算在建设程序中的位置

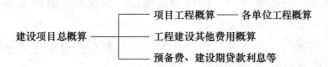

图 6-2　概算的编制内容及相互关系

概算按照范围分为三级：单位工程概算，单位工程综合概算，建设项目总概算。

单位工程综合概算，指确定单位工程中的各单位工程（如工厂中办公楼的建筑工程或安装工程）建设费用的文件，是编制单项工程综合概算的依据。

单项工程综合概算，是确定一个单项工程（如工厂中的办公楼或车间）所需建设费用的文件，是根据单项工程概算内各专业工程概算汇总编制而成的。

建设项目总概算，是确定整个建设项目（如工厂）从筹建到竣工验收所需全部费用的文件。它是由各个单项工程综合概算以及工程建设其他费用和准备费用概算汇总而成的。

概算定额是确定完成一定计算量单位的扩大结构或扩大分项工程的人工、材料和机械台班消耗数量的标准。它是编制和使用概算指标的基础。各行政区都有相应工程的概算定额发布，以供查阅使用，全国未编制统一的概算定额。

二、预算

预算，是指项目施工图设计阶段或项目实施阶段的工程费用计算。一般按照单位工程或单项工程，是根据施工图设计图纸及预算定额编制。

施工图预算经审定后，是确定工程预算造价，签订建筑安装合同和办理工程结算的依据；同时也是施工单位编制计划、控制工程成本的依据；在实行招标的工程中，预算是编制标底的基础。

概算与预算相比较，预算比概算更细，原则上，工程预算不应该大于工程概算，工程概算不大于工程估算。

第二节　概算的内容及编制方法

一、概算文件的组成

建设项目概算文件包括：（1）封面、签署页；（2）编制说明；（3）总概算表；（4）单位工程综合概算表；（5）单位工程概算表；（6）其他费用概算表；（7）主要建筑材料及设备清单表。

（一）概算编制说明

（1）工程概况及其建设规模和建设范围，明确总概算书所包括的和不包括的工程项目和费用；

（2）资金来源、借贷条件及年度用款计划；

（3）编制的依据，如可行性研究报告、有关文件和设计图纸，采用的定额、价格和收费标准；

（4）采用的编制方法和计算原则；

（5）外汇总额度、外汇折算率、进口设备报价、关税和增值税及从属费用的计算；

（6）工程投资和费用构成的分析；

（7）有关问题的说明，对于文件中存在的问题及材料的市场价格的确定、超运费、建设进度和用款计划均应加以必要的说明。

（二）建设项目总概算表

总概算表由综合概算及工程建设其他费用概算组成，应包括建设项目从筹建到竣工所需的全部建设费用。它由各单项工程综合概算表与工程建设其他费用概算表、预备费汇总而成，见表6-1。

（三）单位工程综合概算书

单位工程综合概算书是确定一个单位工程所需建设费用的文件，是根据单项工程内各专业工程概算汇总编制而成的。单项工程的概算表中应包括工程建设其他费用、预备费，当建设项目只有一个单项工程时，单项工程综合概算即为建设项目总概算。单项工程综合概算的形式可参照表6-1编制。

表 6-1 总概算表

项目名称：   金额单位：   （万元）

序号	工程或费用名称	建筑工程费	设备购置费	设备安装费	其他费用	合计	占总投资/%	技术经济指标		
								单位	数量	单位投资/元
1	第一部分：工程项目费用									
1.1	主要费用									
1.2	辅助项目									
1.3	公共设施项目									
1.4	生活福利服务性项目									
	小 计									
2	第二部分：工程建设其他费用									
3	预备费									
	总 计									

审核：   校对：   编制：   年   月   日

（四）单位工程概算书

单位工程概算书是指独立建筑物中分专业工程计算费用的概算文件，它是综合概算的基础。只要编制出各单位工程概算表，经过汇总即可编制出综合概算表，再进行汇总则可以编制出总概算表。

二、概算的编制方法

（一）建筑安装工程

（1）主要工程项目应该按照国家或省、市、自治区等主管部门规定的概算定额，单位估价表和取费标准等文件，根据初步设计图纸及说明书按照工程所在地的自然条件和施工条件，计算工程数量套用相关的概算定额或单位估价表来编制概算。

概算定额的项目划分和包括的工程内容较预算定额有所扩大。按概算定额计算工程量时，应与概算定额每个项目所包括的工程内容和计算规则相适应，避免内容的重复和漏算。

按预算定额编制预算时，次要项目费用可按主要项目总价的百分比计算。

（2）次要工程项目可以按照概算指标或参照类似工程预算的单位造价指标和单位材料消耗指标进行编制，但应根据单项工程的设计标准和结构特征以及工程所在地的实际情况进行调整。

（二）设备及其安装工程

（1）设备购置概算：设备原价按设备清单逐项进行计算。

设备运杂费根据工程所在地规定的运杂费率，按照设备原价的百分比计算；

进口设备的关税、增值税及从属费用的计算。

（2）设备安装费用概算。

按设备安装概算定额或设备安装费用定额进行编制；

按设备原价的百分比进行编制。

（三）工程建设其他费用及预备费的计算

工程建设其他费用及预备费的计算内容和方法与投资估算的编制相仿，初步设计概算的基本预备费率按 5%～8% 计算。

第三节　用概算定额编制单位工程概算书

一、概算定额的内容

概算定额一般由目录、总说明、建筑面积计算规则、分部工程说明、工程量计算规则和定额项目表等组成。

（一）总说明

主要内容包括：定额的作用、编制依据、适用范围以及有关规定的说明和使用方法。

（二）建筑面积计算规则

规定了建筑面积的计算范围和计算方法。

（三）分部工程说明

主要介绍分部工程定额的工作内容、适用范围和使用方法。

（四）工程量计算规则

主要介绍分部工程量计算范围、计算方法、计算单位以及有关规定。

（五）定额项目表

定额项目表是定额手册的核心内容，其中规定的人工、材料、机械台班消耗和基价是编制设计概算的主要依据。它由定额项目名称、定额单位、定额编号、估价表、综合内容、工料消耗组成。

（1）定额项目名称。指明了定额项目名称、规格、幅度范围、类型，它是计算工程量时，划分项目的依据。

（2）定额单位。是定额规定消耗指标的计量单位，计算工程量时应以它作为计量单位。

（3）定额编号。为了便于查阅和使用，定额的章、子目都做统一的编号。

（4）估价表。反应定额项目的基价、人工费、材料费和机械费，是编制设计概算时计算直接费用的依据，基价 = 人工费 + 材料费 + 机械费；

（5）工料消耗。反映定额项目的工料消耗额，是进行概算工料分析，进而计算、调整材料价格差的依据。

二、编制步骤和方法

（一）收集编制概算的基础材料

采用概算定额编制单位工程概算，编制前应重点针对工程特点，深入到建设地点，收集可能影响本工程造价的基础材料。

（二）熟悉设计文件，掌握施工现场情况

熟悉初步设计文件，是准确编制概算的前提。只有充分了解设计意图，掌握工程全貌，明确工程的结构形式的特点，才能准确快速地计算工程量，编制设计概算。

另外，掌握施工现场情况，是正确编制概算的必要步骤。概算编制人员只有深入施工现场，对建设地点的地形、地貌和作业环境等有关基础资料进行分析、核对和修正，才能保正概算内容更好地反映客观实际情况，为提高概算编制质量提高可靠的原始依据。

（三）分列工程项目

编制概算所分列的工程项目，主要是依据概算定额手册所列项目及顺序，结合初步设计图纸内容进行划分并列出。在编制概算的工程中，应仔细阅读概算定额的总说明和各章说明，明确各工程项目的范围及其所包含的工程内容，正确地分列工程项目。

（四）计算工程量

工程量是编制概算的原始数据，其计算的快慢和精确与否，直接影响着概算编制的速度和质量。工程量计算要严格按照定额规定范围、计算规划和计量单位进行。

（五）套用概算定额

当分列的工程项目及相应汇总的工程量，经复核无误后，即可套用概算定额。明确单位概算价值。

（1）把定额编号、工程项目及相应的定额计量单位、工程量，按定额顺序填入单位工程概算表6-2或表6-3填写时，应注意工程量计量单位与定额计量单位的换算。

（2）从概算定额查出各工程项目的概算单价和主要材料的定额单位消耗量，并计算各工程项目概算单价、复价和主要材料消耗量，分别填入表6-2、表6-3和表6-4的相应栏目中。

（3）汇总。同时考虑建筑物超高费、大型机械场外运输费、一次安拆费、脚手架费。计算整个单位工程的定额直接费和主要材料消耗量。

套用概算定额过程中，应注意工程项目内容、规格与定额规定是否一致，如不一致，应按定额规定加以调整换算。

表6-2 单位工程概算表（土建）

项目名称：　　　　　　　　　　　　　　　　　　　　　共 页 第 页

序号	定额编号	项目名称	单位	数量	概算价值/元	
					单价	复价

审核：　　　校对：　　　　　　　　编制：　　　　　　　年 月 日

表6-3　单位工程概算表（安装）

项目名称：　　　　　　　　　　　　　　　　共　页　　　第　页

序号	定额编号	设备安装项目及规格	单位	数量	单　价				复　价			
					设备价或主材费	安装工程费用			设备价或主材费	安装工程费用		
						人工	材料	总计		人工	材料	总计

审核：　　　　　校对：　　　　　编制：　　　　　　　　　年　月　日

表6-4　主要建筑材料表

项目名称：　　　　　　　　　　　　　　　　共　页　　　第　页

序号	单位工程名称	钢筋/t	钢管/t	木材/t	水泥/t	玻璃/t	油毡/t	…

审核：　　　　　校对：　　　　　编制：　　　　　　　　　年　月　日

（六）计算各项费用，确定建筑工程概算造价

当工程概算直接费确定之后，可按当地费用定额规定的程序和方法计算其他直接费、间接费、计划利润和税金，然后计算工程概算造价。表6-5为河北省建筑安装单位工程概算造价计算表，仅供参考。

表6-5　建筑安装单位工程概算造价计算表

费用代号及项目	计算基础	计　算　方　法	
		以直接费或工程直接费为基础计算的工程	以人工费为基础计算的工程
（一）直接工程费 （1）定额直接费 （2）其他直接费	实物工程量	（1）＋（2） Σ实物工程量×定额基价 （1）×费率	人工费×费率
（二）间接费	（一）	（一）×综合费率	人工费×费率
（三）计划利润	（一）、（二）	［（一）＋（二）］×费率	人工费×费率
（四）税金	（一）、（二）、（三）	［（一）＋（二）＋（三）］×费率	
（五）合计		（一）（二）（三）＋（四）	
概算造价	（五）	（五）×（1＋概算指数）	

注：概算指数由地方工程造价管理站发布。

（七）编制工程概算书

当工程概算造价计算完毕，即可按概算文件组成，经填写、整理，将概算书封面、签

署面、编制说明、概算造价计算表、工程概算表和主要建筑材料表等按顺序装订成册，形成工程概算书。

第四节　污水处理厂经济评价与分析

一、污水处理厂经济评价与分析的基本原理

经济分析与评价的目的是追求费用最小或者效益最大。

（一）费用的最小化原则

在满足功能目标（特定需求）的前提下，追求所支出的全生命（服务）期费用最小。特别是像污水处理场这类以环境保护、提高环境质量、维护生态效益、提高人民生活质量、维持经济和社会的可持续性发展为基本任务的工程项目，往往是以满足上述功能目标为前提的，这样的项目则应以追求生命（服务）期费用最小为原则，如何求每吨污水处理的成本最小就是一个最小化原则的实例。

项目的服务期费用包含了与项目有关的一切费用，如项目的前期费用、建设期费用（如制造、购买、建设、安装、试运行等）、生产期运营费用及工程寿命期结束时的拆除费用。这些费用是在不同时间发生的，时间跨度可以达几十年，因而采用动态计算方法进行评价、考虑，资金的时间价值才是全面的、准确的。

（二）经济效益最大化原则

当一项工程或者一个技术方案的经济效益比较容易定量地进行计算时，效益最大化应是项目经济评价所追求的目标。

$$经济效益(E) = 总产出 - 总投入 \qquad (6-1)$$

或 $\qquad 经济效益(E) = 总产出 / 总投入 \qquad (6-2)$

$$经济效益(E) = \frac{总产出 - 总投入}{总投入} \qquad (6-3)$$

式（6-1）是绝对值表示法，大于零，即为有经济效益；式（6-2）、式（6-3）是相对值或比例表示法。

如果污水处理厂每处理 1t 污水收取一定的费用，同时深度处理获得中水销售又可实现一定的收入，对综合方案进行评价时则可采用效益最大化方法进行分析计算和评价。

效益最大化是指工程全服务期的效益最大化。与费用最小法相类似，项目的前期费用、基建费用、运营费用、拆除费用、运营收入、销售收入是在不同时间发生的，因此必须按动态计算方法进行分析，效益最大化才是真实可信的。

二、费用最小法

（一）项目的服务期费用组成

污水处理项目的服务期费用由项目前期费用、建设期费用、运营费用和工程拆除费用四个阶段的各项费用构成。其中前期费用与建设期费用构成项目的建设总投资。

1. 项目前期费用

项目前期费用包括：土地有关费用（土地补偿费、复垦费、拆迁费、安置费等），建

设单位开办费用（办公设备、交通工具、用具、家具等筹建费用）、临时设施费用，前期工程费用（规划设计、立项、可行性研究、咨询、环境评价、勘察设计、建设单位经费），招标、融资费用，实验研究、引进技术和设备以及消化吸收费用（引进及排出人员的差旅费、生活费、置装费、培训费、接待费，引进设备的检验费、商检费，技术资料费、专利和专有技术及设计费），专项协作有关费用和配套费用等。

2. 建设期费用

建设期费用包括：

（1）建筑安装工程费（含建筑工程费—建筑工程、构筑物、场地平整、施工临时用的水、电、气、路等项费用，设备购置费—生产设备购买及运输和检验及保险的费用，安装工程费—安装设备的装配、安装及附设管线的材料和安装、与之相连的平台是安全工程、单体试车费，工器具及产生用具购置费），监理费，工程保险费—根据招标法及相关的规定，工程费及监理费基本上是应当通过工程招标和采购招标支出的费用。

（2）职工培训费、联合试车费、建设单位管理费、投资方向调节税（应交纳投资方向调节税的子项目单独计算）。

（3）预备费（含工程变更和设计变更、自然灾害和意外情况、特殊的鉴定和工程验收、设备材料及工人费用等物价上涨、工程项目建设期延长及其他未预见因素造成的费用增加）预备费用往往是在招标及工程合同中规定计算原则的费用。

（4）建设期利息及各项融资成本。

（5）铺地底流动资金。

3. 运行期费用

经济评价或方案比较中的运行期费用，又称经营成本，包括大修理基金、维修维护费、电费、药剂费、燃料动力费、工资福利费、管理费、税费支出（财务评价户计算）、各类保险费、财务费用（不含建设期投资利息—流动资金除外）销售费用和其他各项支出。

总成本中出经营成本外，还包括固定资产折旧、摊销费用和建设期投资利息——方案比较重不必计算此费用。

4. 项目设计服务期结束时的工程拆除费用

以上各项费用在哪一年发生就算在哪一年的年末，逐年计算，但价格基准是计划中的建设期初的预测价格，所有费用和收入均以该预测价格进行计算。

（二）项目的收入计算

即使是单纯的污水处理厂，不出售中水，也难免会有一些收入，对收入应与费用相应地计入各年末，其价格水平也以预测的项目建设期初价格为准。

（三）项目服务期费用现值的意义

1. 项目服务期费用现值的意义

项目的费用现值，就是把项目服务评价期（计算期）内各年的净费用值（各年的总费用减对应年的收入额）按一定的折现率算成现在（建设期初）的价值，然后将其相加得到的一个总费用值。

项目服务期费用现值表示一个项目在服务期（计算期）内的全部费用（净支出）相

当于现在（建设期初）价值的总费用。因污水处理工程项目收入甚少，主要以支出费用来满足一定的环境目标和社会效益为主，前期设计方案的选取最合适采用费用现值法进行比较和评价。对于规模、功能相同的项目或设计方案，服务期费用现值越小，则说明方案越优。

2. 项目服务期费用现值的计算

项目服务期费用现值的计算公式为：

$$C_{NPV} = CO_0 + CO_1(1 + i_0)^{-1} + CO_2(1 + i_0)^{-2} + \cdots, n +$$
$$CO_{n-1}(1 + i_0)^{-(n-1)} + CO_n(1 + i_0)^{-n}$$
$$= \sum_{t=0}^{n} CO_t(1 + i_0)^{-t}$$

式中　C_{NPV}——项目的计算（服务）期费用现值；

CO_t——第 t 年的净费用值；

i_0——折现率，相当于在项目服务期内预测的资金平均年增长率；

t——第 t 年；

n——项目计算期，评价项目时根据项目的设计服务年限确定。若设计服务年限不大于 20 年，则取 n 年逐年计算，若大于 20 年，则一般取 $n = 20$ 年。项目规模大，设计服务期很长时，一般计算年限 n 不超过 30 年。

建设前期的费用一律统计为建设期初的一笔费用，建设期的费用按建设计划列入当年年末（包括利息），经营期费用采用各年的经营成本减去当年的收入，由于项目的服务期一般较长（30 年以上），寿命期结束时的拆除费用可忽略不计，或按与残值相等考虑。

对项目进行国民经济评价时，i_0 可取国家公布的社会折现率；进行财务评价时，i_0 可按项目融资的平均成本（即利息率）计算。进行方案比较时，i_0 按融资成本（即借款利率）计算。

（四）费用年金的意义及其计算方法

费用年金是一种动态的计算污水处理场费用年值的方法，可以用于计算处理每吨水的费用，在污水处理方案选择时常采用此方法。

1. 计算等额的年度总费用

$$A = C_{NPV}\left[\frac{i_0(1 + i_0)^n}{(1 + i_0)^n - 1}\right]$$

式中　A——污水处理厂的等额年度总费用；

C_{NPV}——计算期费用现值，计算同前所述；

i_0——折现率，可用贷款利息率；

n——计算期、年。

由于费用年值公式把建设期也视作在进行废水处理，所以当建设期较长时，费用年值公式应进行修正，采用以下公式计算：

$$A = C_{NPV}\left[\frac{i_0(1 + i_0)^n}{(1 + i_0)^{n-m} - 1}\right]$$

式中　m——建设期、年；

其他符号意义同前。

2. 计算吨水处理成本

$$C = \frac{A}{360Q}$$

式中　　C——每吨水处理成本；

　　　　A——污水处理厂的等额年度总费用；

　　　　Q——污水平均日流量，m^3/d。

此法计算出的处理吨水成本涵盖了污水处理厂的前期费用、建设费用、运行费用。再次基础上制定的排污收费标准，是可以保证污水处理场财务平衡的。对设计方案的横向比较也是较科学的。使用此公式时要注意单位换算（A 一般以万元为单位，C 一般以元为单位）。

（五）与费用最小原则相联系的常用静态指标

（1）处理吨水成本数；

（2）处理每吨污水投资额；

（3）处理每吨污水的占地面积；

（4）处理每吨污水的耗能；

（5）污水处理厂的全员劳动生产率。

上述各项指标均从一个方面反映污水处理厂的技术先进性与经济合理性。但由于各项指标均为静态指标，不能客观、真实地反映出在不同时间内所发生的等量费用具有不同的经济价值，而且各项指标间往往具有此消彼长的特点。如果投资额增大，往往使生产期的吨水成本下降，劳动生产率提高。因而上述指标往往不能以经济价值观点定量地、全面地、综合地分析评价项目（或方案）的优劣程度。

对于较小或较简单的项目在分析评价较直观时，也可采用上述指标进行。

三、效益最大法

（一）效益最大法计算方法的适用范围

目前各大城市已收取排污费，而且污水资源及中水回用的进程也在加快，城市污水处理厂的效益将不再是单一的"环保效益"和"社会效益"。城市排水纳入城市水资源总体规划后，污水处理厂的收入主要有两部分组成：一是传统意义上的污水处理费（排污费）；二是中水销售费。对这样的生产厂，技术经济评价应与此相适应。特别是选择深度处理设计方案和进行是否采用深度处理将污水资源化的决策时，遇到了增加费用与增加收益的分析评价问题。对这样的项目，应当用效益最大化原则去分析、比较和评价。

（二）收入计算

污水处理厂的收入主要有两项。

1. 排污费

根据处理量和收费标准计算，（目前由有关部门收费后划入污水处理厂），以年记。

2. 中水销售收入

根据销售单价和销售量计算，以年记。要注意国民经济评价与财务评价的区别，不同层次的评价，收益和费用计算范围不同，采用的价格不同。随着城市中水系统的建设，部分用水改用中水后，减少了净水的需求量。由于大多数城市的自来水销售价格并没有达到其真实成本，这个差额是用国家或地方财政转移支付的。因此，在进行项目或方案的国民经济评价时，应考虑这些转移支付。例如，某市设中水系统后，工业、市政、居民用水改用一部分中水，每日少用自来水分别为 10 万吨、10 万吨、10 万吨，自来水的实际成本是 3 元/吨（含前期费用、建设费用、运营费用），而该市的自来水销售价为工业用水 2.2 元/吨、市政用水 2 元/吨、居民用水 1.5 元/吨；改用中水后减少了政府支出：$10 \times (3 - 2.2) + 10 \times (3 - 2) + 10 \times (3 - 1.5) = 33$ 万元/年。这些转移支付在进行项目或方案的国民经济评价时，应作为收入计算。

收入计算逐年计算，每年的收入计入当年年末，计算年限参见最小费用法有关内容。

（三）费用计算

费用计算方法参见最小费用法，并应注意以下两点：

（1）因工程内容不同造成的费用构成不同。

（2）增加销售收入的同时所发生的销售费用亦增加很多。

（四）逐年净收入的计算

一年的收入减去当年的支出得出各年的净收入，此即为年净现金流量。在建设期收入小于费用（支出）时其净现金流量为负值。

（五）项目服务期效益计算

1. 净现值法

$$NPV = \sum_{t=0}^{n} (CI - CO)_t (1 + i_0)^{-t}$$

式中　NPV——项目服务期的净现值；

（$CI - CO$）$_t$——第 t 年净现金流量；

CI——第 t 年的收入（现金流入量）；

CO——第 t 年的费用（现金流出量）；

n——项目计算期，意义同前；

i_0——基准收益率，意义同前述折现率，计算时应根据评价目的合理选用，参见本节第二部分中有关说明及第四部分有关说明。

项目的净现值越大越好。表明项目的获利能力已达到了收支相抵或盈利的水平。

2. 净现值率法

净现值率表示了单位投资现值所产生的净现值。净现值率越大，说明单位投资的效益越好。

净现值率（$NPVR$）的表达式为：

$$NPVR = \frac{NPV}{I_p}$$

式中　$NPVR$——净现值率；

I_p——投资现值，即前期费用及建设期费用的现值。

我国目前尚属资金短缺的发展中国家，筹集建设资金与选择和优化建设项目的任务同样繁重，因此，在方案比较或选择时，不仅要选净现值大的项目，更要首选净现值率大的项目，这样才能最大限度地发挥投资的效率。

3. 内部收益率法

内部收益率的表达式为：

$$NPV = \sum_{t=0}^{n} (CI - CO)_t (1 + IRR)^{-t} = 0$$

式中　　　CI——第 t 年的收入（现金流入量）；

　　　　　CO——第 t 年的费用（现金流出量）；

　　　$(CI - CO)_t$——第 t 年的净现金流量；

　　　　　IRR——内部收益率；

　　　　　n——项目计算期，当项目服务期小于 20 年时 n = 服务期；当项目服务期大于 20 年时一般取 n = 20 年；当项目规模很大（投资额大）时，一般情况下 $n \leqslant 30$ 年。

方案比较时 IRR 越大越好。项目财务评价时，IRR 大于筹集资本成本（利息率）即为合理。

四、综合经济评价说明

由于城市排水工程的特殊性，决定了项目的效益往往是社会性的、长远的、间接的；这些效益是不易直接计算现金流量的效益，只是定性地分析评价。这类工程是社会进步和经济发展水平的标志，因此，决定了这类工程的分析评价以国民经济（社会）评价为主，其重大技术方案和工艺方案的评价与比较也以社会评价为主。

（1）当国民经济（社会）评价与财务评价结论一致时，不论其是否可行，其决策选易于做出的。

（2）当污水处理项目（或方案）的国民经济（社会经济）评价可行而财务评价不可行时（这是通常的情况）应以国民经济（社会经济）评价结论为依据，研究解决财务评价户的政策性问题，寻求使项目（或方案）在财务上成立的办法（包括技术方案、经济政策和财务措施），创造条件促成项目。

基于上述原因，在阐述污水处理工程的经济评价和分析比较方法时，有以下特点：

（1）文字说明不刻意突出社会经济评价与财务分析的区别，而是原则性介绍经济分析评价的思路和方法。两种评价方法的原理与计算公式并无差所不同的只是费用与收益的划分、计算范围和价格以及贴现率对不同评价层次的细分，参见计算实例。

（2）突出适合时代要求的经济评价基本原理、基本方法和分析计算技术。

（3）所述分析评价原理与计算方法，哪一个更适合于方案比较或总体经济评价，由设计者视工程具体情况选择应用，做出恰如其分的分析、评价和计算，以达到正确的选择和决策的目的。

第五节　实例分析

一、费用最小法实例

（一）工程概况

某城镇新建污水处理厂，设计日处理污水能力 3 万吨，为二级污水处工程总投资 3066 万元，50% 为政府无息借款，50% 为银行贷款解决，贷款利率为 6%。项目投产后收取相应的排污费用，以维持污水处理厂的运营费用并归还借款本息。

项目计划建设期 3 年，生产期 22 年，计算期 25 年。第 4 年投产，为简化起见，当年生产负荷为设计能力的 80%，以后各年生产负荷为 100%，其成本按相等计，生产期结束后的残值与工程拆除费用按相等考虑。

建设总投资中，铺底流动资金按 3 个月经营成本计算，为 65 万元，于建设期末一次投入。流动资金 30% 由财政拨款，70% 由银行贷款，贷款年利率 6%，项目结束时收回流动资金。

建设总投资中土地费用 300 万元，配套费用 239 万元，开办费用 61 万元，可计算折旧的固定资产投资 2400 万元。建设期固定资产投资中的银行借款在第二年及第三年投入，即花光财政借款后借贷。

（二）建设投资计划

建设投资计划见表 6-6。

表 6-6　年度投资计划表　　　　　　　　　　　　　（万元）

项目年度	第一年	第二年	第三年	合　计
建设投资	1000	1000	1000	3000
前期费用	600			600
建设费用（含当年利息支付）	400	1000	1000	2400
流动资金			66	66
拨款			22	22
银行借款			44	44
合　计	1000	100	1066	3060

（三）劳动定员、工资及成本估算

（1）劳动定员设计为 60 人，全员人均工资（含福利费和各种保险费）为 10000 元/年，则年工资总额为 60 万元。

（2）一般行政管理费用支出为 30 万元/年。

（3）经营成本估算。

污水经营成本计算，通常还包括污泥处理部分。构成成本计算的费用项目有以下几项。

1）处理后污水的排放费 E_1

处理后污水排入水体如需支付排放费用的，按有关部门的规定计算

$$E_1 = 365Qe（元/年）$$

式中　Q——平均日污水量，m^3/d；

　　　e——处理后污水的排放费率，元/m^3。

2）能源消耗费 E_2

能源消耗费包括电费、水费等在污水处理过程中所消耗的能源费。工业废水处理中，有时还包括蒸汽、煤等能源消耗。消耗不大的能源可忽略而不计，耗量大的能源应进行计算。其中电费的计算见下式

$$E_2 = \frac{8760Nd}{k}（元/年）$$

式中　N——污水处理厂内的水泵、空压机或风机及其他机电设备的功率总和（不包括备用设备），kW；

　　　k——污水量总变化系数；

　　　d——电费单价，元/（kW·h）。

3）药剂费 E_3

$$E_3 = \frac{365Qk_1}{k_2 \times 10^6}(a_1b_2 + a_2b_2 + a_3b_3 + \cdots, n)（元/年）$$

式中　　E_3——药剂费，元/年；

a_1，a_2，a_3——各种药剂（包括混凝剂、助凝剂、消毒剂等）的平均投量，确定时应考虑药剂的有效成分，mg/L；

b_1，b_2，b_3——各种药剂的相应单价，元/吨。

$$A = a'/\lambda$$

式中　a'——药剂的理论需要量，mg/L；

　　　λ——药剂中有效成分所占比例。

4）工资及福利费 E_4

$$E_4 = AN$$

式中　E_4——工资及福利费，元/年；

　　　A——职工每人每年的平均工资及福利费，元/（年·人）；

　　　N——职工人数，人。

5）固定资产基本折旧费 E_5

$$E_5 = 固定资产原值 \times 综合基本折旧率（元/年）$$

固定资产原值是指项目总投资中形成固定资产的费用，此外，可按第一部分工程费用、预备费用和建设期借款费用之和计算。

6）无形资产和递延资产摊销费

$$E_6 = 无形资产和递延资产值 \times 年摊销费（元/年）$$

无形资产和递延资产值是指项目总投资中形成无形资产和递延资产的费用。此外，可按第二部分工程建设其他费用和固定资产投资方向调节税之和计算。

7）大修基金提存费 E_7

$$E_7 = 固定资产原值 \times 大修基金提存率（元/年）$$

8）日常检修维护费 E_8

$$E_8 = 固定资产原值 \times 日常检修维护费率（元／年）$$

9）其他费用 E_9

其他费用包括管理和销售部门的办公费、取暖费、租赁费、保险费、差旅费、研究试验费、会议费、成本中列支的税金（如房产税、车船使用费等），以及其他属于以上项目的支出等。一般可按上述各项费用总和的一定比率计算。

对于给水排水工程，根据统计分析资料，其比率一般可取 $is\%$，按下式计算。

$$E_9 = （E_1 + E_2 + E_3 + E_4 + E_5 + E_6 + E_7 + E_8） \times 15\%（元／年）$$

10）流动资金利息支出 E_{10}

$$E_{10} = （流动资金总额 - 自有流动资金）\times 流动资金借款年利率（元／年）$$

应注意的是药剂费中除了污水处理所需的药剂费外，还应包括污泥处理所需的药剂费；日常检修维护费 E_8，一般生活污水可参照类似工程的比率按固定资产总值的 1% 提取，但工业废水由于对设备及构筑物的腐蚀较为严重，应按废水性质及维护要求分别提取；计算式中处理水量 Q 均应按平均日污水量（m^3/d）计算。

11）污水、污泥综合利用的收入

如不作为产品，且价值不大时，可不计入污水处理成本中；如作产品，且价值较大时，应作为产品销售，应计入污水处理成本作为其他收入。

12）年运行成本 E_y

$$E_y = E_1 + E_2 + E_3 + E_4 + E_8 + E_9（元／年）$$

13）年经营成本 E_c

$$E_c = E_1 + E_2 + E_3 + E_4 + E_7 + E_8 + E_9（元／年）$$

14）年总成本 Y_c

$$Y_c = E_c + E_5 + E_6 + E_{10}（元／年）$$

其中，可变成本：$E_a = E_1 + E_2 + E_3 + E_9 + E_{10}（元／年）$

固定成本：$E_b = E_4 + E_5 + E_6 + E_7 + E_8（元／年）$

15）全年制水量

$$\Sigma Q = 365Q （m^3/a）$$

（四）财务评价

计算费用现值并预测排污费收取标准：

$$C_{NPV} = \sum_{t=1}^{n} CO_t \times （1 + i_0）^{-t}$$

式中，i_0 取平均的贷款利率，由于政府借款 50%，并规定该企业不盈利，所以按平均贷款利率 3% 计算资本成本。

$C_{NPV} = 1000/（1 + 0.03）+ 1000/（1 + 0.03）2 + 1000/（1 + 0.03）3 + 324.64 \times$

$\qquad ［（1 + 0.03）22 - 1］/（1 + 0.03）22/0.03/（1 + 0.03）3 + 66/（1 + 0.03）25$

$\qquad = 7623.73 （万元）$

$A = 7623.73 \times 0.03（1 + 0.03）25/［（1 + 0.03）22 - 1］$

$\qquad = 522.73 （万元）$

处理每吨水成本为：$A/365/3 = 0.48$ 元。

若按以上价格收取排污费，服务期结束时，刚好还完贷款本息。

可在此基础上，计算还本付息表，年总成本估算表，逐年损益表，全部投资现金流量表及完成全部财务评价表。

若统一按 6% 的借款利率计算，则吨水成本 0.83 元。

二、效益最大法计算实例

（一）财务评价实例

1. 工程概况

仍以费用最小法实例中的项目及有关财务数据为基础，若由于城镇缺水，在此基础上增加深度处理，增加固定资产投资 3000 万元（含中水系统投资，为简化计算，按第 3 年增加 3000 万元贷款一次投入），增加流动资金贷款 100 万元，年利率均为 6%。经测算中水销售全年平均为每日 2 万立方米，售价 0.8 元/m³。

2. 增加中水系统后经营成本（见表 6-7）

表6-7　经营成本表 （万元）

	项　目	建设期 3 年	第四年	5～24 年	25 年	合计
1	大修理及维修费		144	144×20	144	
2	电费		280	280×20	280	
3	工资福利费		100	100×20	100	
4	管理费		50	50×20	50	
5	燃料费		20	20×20	20	
6	流资利息		8.64	8.64×20	8.64	
	合　计		602.64	602.24×20	602.24	

3. 收入计算

污水处理费收入仍按前述 0.48 元计算，则该项年收入为 525.6 万元；中水销售收入为 365×2×0.80＝548 万元/年；总收入减总费用后净收入为 506.96 万元/年。

4. 净现值 NPV 的计算

$$NPV = \sum_{t=1}^{25} (CI - CO)_t (1 + i)^{25}$$

这里增加的项目投资贷款年利率为 6%，所以 i 取 6%，则：

$NPV = -1000/1.06 - 1000/1.06^2 - 4000/1.06^3 + 506.96(1.06^{22} - 1)/1.06^{22}/$
　　　$0.06/1.06^3 + 166/1.06^{25} = -27.68$（万元）

说明从财务评价角度，增加中水系统对企业意义不大。

5. 内部收益率（IRR）

$i = 6\%$ 时的净现值 $NPV = -27.68$，说明 $IRR = 6\%$ 左右且小于 6%。

（二）增加中水系统后的国民经济评价

由于该镇缺水，若不增加中水系统，就要扩建净水供水系统。该镇自来水的实际治理综合成本为 3 元/m³，向市政、工业及公建、居民供水的自来水的价格实际分别为 2 元/m³、2 元/m³、1.9 元/m³。中水系统的每日 2 万 m³ 去向分别为市政及工业和公建 1 万 m³，居民 1 万 m³。上述用户改用中水后政府的转移支付，相当于每日减少（3 - 2）元/m³ × 1.0 万元 +（3 - 1.9）元/m³ × 10000 = 2.1 万元。即年收入增加 2.1 × 365 = 765.04 万元，生产期年净收入为 765.04 + 506.96 = 1272 万元。

（1）计算社会效益下的净现值 NPV

净现值计算仍以 6% 贷款利率作为基准收益率：

$$NPV = 13089.45 \text{ 万元}$$

可见该项目的社会效益很好。

（2）计算社会效益下的内部收益率：$IRR - 1000/(1 + IRR) - 1000/(1 + IRR)^2 - 4000/(1 + IRR)^3 + [(1 + IRR)^{22} - 1]/(1 + IRR)^{22} + 0.06/(1 + IRR)^3 + 166/(1 + IRR)^{25} = 0$

经计算，$IRR = 18.5\%$，可见该项目社会经济内部收益率达 18.5%，效益很好。

第七章 案 例

案例一 啤酒厂工业废水处理设计

一、工程项目概况

某啤酒厂年产啤酒 10 万吨。啤酒通常以麦芽和大米为原料，经制麦芽、糖化、发酵、后处理等工艺酿制而成，整个工艺的每个环节均有废水产生。经建设方确认，本设计规模按日最大处理水量 $Q = 5000 \text{m}^3/\text{d}$ 设计（包括处理站自用水排水量）。

本次设计的处理对象为啤酒厂工业废水，处理后出水水质达到要求的标准。本次设计的进出水水质及污染物去除率见表 7-1。

表 7-1　进出水水质及污染物去除率

项　目	COD_{Cr}	BOD_5	SS	pH
进水/mg·L^{-1}	≤1400	≤800	≤350	7.5～10
出水/mg·L^{-1}	≤100	≤20	≤70	6～9
去除率/%	92.9	97.5	80.0	—

二、工艺流程

通过上述分析比较，本案选用 UASB-CASS 法处理该啤酒厂工业废水，选定如下工艺流程，如图 7-1 所示。

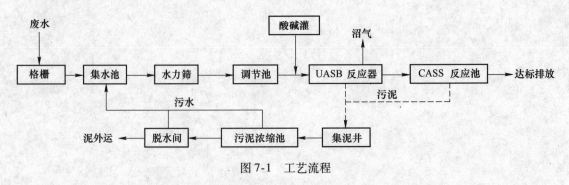

图 7-1　工艺流程

该工艺特点：（1）在生物处理系统之前设置调节沉淀池，以调节水质水量，同时调节池兼作初沉池，具有去除废水中悬浮物的功能。（2）废水中的大部分有机物在厌氧处理单元去除，厌氧处理采用先进高效的升流式厌氧污泥床反应器（UASB），具有容积负荷高、电耗低、处理效果好、污泥产量小的显著特点，而且运行过程中产生的沼气能够回收利用。（3）好氧处理采用周期循环活性污泥（CASS）。CASS 是利用活性污泥基质积累再生理论，将生物选择器与间歇式活性污泥加以有机结合研究开发的新型高效的好氧生物处理技术，具有结构简单、处理效率高、电耗低、操作管理方便的特点。

三、啤酒废水处理构筑物设计与计算

（一）格栅

1. 设计参数

设计流量 $Q = 5000\text{m}^3/\text{d} = 208.33\text{m}^3/\text{h} = 0.058\text{m}^3/\text{s}$；栅条宽度 $S = 10\text{mm}$，栅条间隙 $d = 15\text{mm}$，栅前水深 $h = 0.4\text{m}$；格栅安装角度 $\alpha = 60°$，栅前流速 0.7m/s，过栅流速 0.8m/s；单位栅渣量 $W = 0.07\text{m}^3/10^3\text{m}^3$ 废水。

2. 设计计算

由于本设计水量较少，故格栅直接安置于排水渠道中。格栅如图 7-2 所示。

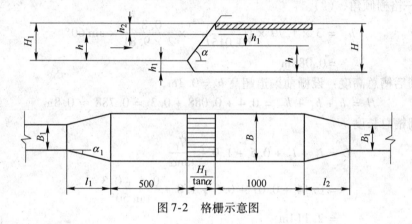

图 7-2　格栅示意图

（1）栅条间隙数：

$$n = \frac{Q\sqrt{\sin\alpha}}{bhv}$$

式中　Q——设计流量，m^3/s；

α——格栅倾角，（°）；

b——栅条间隙，m；

h——栅前水深，m；

v——过栅流速，m/s。

$$n = \frac{0.058 \times \sqrt{\sin 60°}}{0.015 \times 0.4 \times 0.8} = 11.245，取 n = 12 条$$

（2）栅槽宽度：

$$B = S(n-1) + bn = 0.01 \times (12-1) + 0.015 \times 12 = 0.29\text{m}$$

栅槽宽度一般比格栅宽 0.2～0.3m，取 0.3m。即，栅槽宽为 0.29 + 0.3 = 0.59m，取 0.6m。

（3）进水渠道渐宽部分的长度：设进水渠道宽 $B_1 = 0.5\text{m}$，其渐宽部分展开角度 $\alpha_1 = 60°$，则

$$l_1 = \frac{B - B_1}{2\tan 20°} = \frac{0.6 - 0.5}{2\tan 20°} = 0.14\text{m}$$

（4）栅槽与出水渠道连接处的渐宽部分长度：

$$l_2 = \frac{l_1}{2} = \frac{0.14}{2} = 0.07\text{m}$$

（5）通过格栅水头损失：取 $k = 3$，$\beta = 1.79$（栅条断面为圆形），$v = 0.8\text{m/s}$，则

$$h_1 = kb\left(\frac{S}{d}\right)^{4/3}\frac{v^2}{2g}\sin\alpha$$

式中　k——系数，水头损失增大倍数；

　　　β——系数，与断面形状有关；

　　　S——格条宽度，m；

　　　d——栅条净隙，mm；

　　　v——过栅流速，m/s；

　　　α——格栅倾角，（°）。

$$h_1 = 3 \times 1.79 \times \left(\frac{0.01}{0.015}\right)^{4/3} \times \frac{0.8^2}{2 \times 9.81} \times \sin 60°$$

$$= 0.088\text{m}$$

（6）栅后槽总高度：设栅前渠道超高 $h_2 = 0.3\text{m}$，

$$H = h + h_1 + h_2 = 0.4 + 0.088 + 0.3 = 0.788 \approx 0.8\text{m}$$

（7）栅槽总长度：

$$L = l_1 + l_2 + 0.5 + 1.0 + \frac{H_1}{\tan\alpha}$$

$$= 0.14 + 0.07 + 0.5 + 1.0 + \frac{0.4 + 0.3}{\tan 60°}$$

$$= 2.114\text{m}$$

（8）每日栅渣量：栅渣量（$\text{m}^3/10^3\text{m}^3$污水），取 $0.1 \sim 0.01$，粗格栅用小值，细格栅用大值，中格栅用中值取 $W_1 = 0.07\text{m}^3/10^3\text{m}^3$，$K_2 = 1.5$，则

$$W = \frac{Q \times W_1 \times 86400}{K_2 \times 1000}$$

式中　Q——设计流量，m^3/s；

　　　W_1——栅渣量（$\text{m}^3/10^3\text{m}^3$污水），取 $0.07\text{m}^3/10^3\text{m}^3$。

$$W = \frac{0.058 \times 0.07 \times 86400}{1.5 \times 1000}$$

$$= 0.23\text{m}^3/\text{d} > 0.2\text{m}^3/\text{d}（采用机械清渣）$$

选用 HF-500 型回转式格栅除污机，其性能见表7-2。

表7-2   HF-500 型回转式格栅除污机性能规格表

型号	电动机功率/kW	设备宽/mm	设备高/mm	设备总宽/mm	沟宽/mm	沟深/mm	导流槽长度/mm	设备安装长度/mm
HF-500	1.1	500	5000	850	580	1535	1500	2500

（二）集水池

1. 设计参数

设计流量 $Q = 5000 \text{m}^3/\text{d} = 208.33 \text{m}^3/\text{h} = 0.058 \text{m}^3/\text{s}$。

2. 设计计算

集水池的容量为大于一台泵 5min 的流量，设三台水泵（两用一备），每台泵的流量为 $Q = 0.029 \text{m}^3/\text{s} \approx 0.03 \text{m}^3/\text{s}$。集水池容积采用相当于一台泵 30min 的容量。

$$W = \frac{QT}{1000} = \frac{30 \times 60 \times 30}{1000} = 54 \text{m}^3$$

有效水深采用 2m，则集水池面积为 $F = 27 \text{m}^2$，其尺寸为 $5.8 \text{m} \times 5.8 \text{m}$。

（三）水力筛

1. 设计参数

设计流量 $Q = 5000 \text{m}^3/\text{d} = 208.33 \text{m}^3/\text{h} = 0.058 \text{m}^3/\text{s}$。

2. 设计计算

机型选用 HS120 型水力筛三台（两用一备），其性能如表 7-3 所示。

表 7-3　HS120 型水力筛规格性能

处理水量/$\text{m}^3 \cdot \text{h}^{-1}$	筛隙/mm	设备空重/kg	设备运行重量/kg
100	1.5	460	1950

（四）调节池

1. 设计参数

设计流量 $Q = 5000 \text{m}^3/\text{d} = 208.33 \text{m}^3/\text{h} = 0.058 \text{m}^3/\text{s}$；调节池停留时间 $T = 5.0 \text{h}$。

2. 设计计算

（1）调节池有效容积：$V = QT = 208.33 \times 5 = 1041.65 \text{m}^3$。

（2）调节池水面面积：调节池有效水深取 5.5m，超高 0.5m，则 $A = \frac{V}{H} = \frac{1041.65}{5.5} = 189.4 \text{m}^2$。

（3）调节池的长度：取调节池宽度为 15m，长为 13m，池的实际尺寸为长×宽×高 = $15 \text{m} \times 13 \text{m} \times 6 \text{m} = 1170 \text{m}^3$。

（4）调节池的搅拌器：使废水混合均匀，调节池下设潜水搅拌机，选型 QJB7.5/6-640/3-303/c/s 1 台。

（5）药剂量的估算。设进水 pH 值为 10，则废水中 $[\text{OH}^-] = 10^{-4} \text{mol/L}$。若废水中含有的碱性物质为 NaOH，所以 $C_{(\text{NaOH})} = 10^{-4} \times 40 = 0.004 \text{g/L}$，废水中共有 NaOH 含量为 $5000 \times 0.004 = 20 \text{kg/d}$。中和至 7，则废水中 $[\text{OH}^-] = 10^{-7} \text{mol/L}$。此时 $C_{(\text{NaOH})} = 10^{-7} \times 40 = 0.4 \times 10^{-5} \text{g/L}$，废水中 NaOH 含量为 $5000 \times 0.4 \times 10^{-5} = 0.02 \text{kg/d}$，则需中和的 NaOH 为 $20 - 0.02 = 19.98 \text{kg/d}$。采用投酸中和法，选用 96% 的工业硫酸，药剂不能完全反应的加大系数取 1.1。

$$2NaOH + H_2SO_4 \longrightarrow Na_2SO_4 + H_2O$$

$$80 \qquad\qquad 98$$

$$19.98kg \quad 24.4755kg$$

所以实际的硫酸用量为 $1.1 \times \dfrac{24.4755}{0.96} = 28.045kg/d$。

投加药剂时，将硫酸稀释到 3% 的浓度，经计量泵计量后投加到调节池，故投加酸溶液量为 $\dfrac{28.045}{0.03} = 934.83kg/d = 38.95L/h$。

（五）UASB 反应池

1. 设计参数

设计流量 $Q = 5000m^3/d = 208.33m^3/h = 0.058m^3/s$；进水 COD $= 1400mg/L$；去除率为 80%；容积负荷（N_v）为：$4.5kgCOD/(m^3 \cdot d)$；污泥产率为：$0.07kgMLSS/kgCOD$；产气率为：$0.4m^3/kgCOD$。

2. 设计计算

UASB 反应器结构尺寸计算如下。

（1）反应器容积计算（包括沉淀区和反应区）：UASB 有效容积为

$$V_{有效} = \frac{QS_0}{N_v}$$

式中　$V_{有效}$——反应器有效容积，m^3；

$\quad Q$——设计流量，m^3/d；

$\quad S_0$——进水有机物浓度，$kgCOD/m^3$；

$\quad N_v$——容积负荷，$kgCOD/(m^3 \cdot d)$。

$$V_{有效} = \frac{5000 \times 1.4}{4.5}$$
$$= 1556m^3$$

（2）UASB 反应器的形状和尺寸：工程设计反应器两座，横截面为矩形。

1）反应器有效高度为 5m，则横截面为 $S = \dfrac{V_{有效}}{h} = \dfrac{1556}{5} = 311.2m^2$，单池面积为 $S_i = \dfrac{S}{2} = \dfrac{311.2}{2} = 155.6m^2$。

2）单池从布水均匀性和经济性考虑，矩形池长宽比在 2:1 以下较为合适。设池长 $L = 16m$，则宽 $B = \dfrac{S_i}{L} = \dfrac{155.6}{15} = 9.72m$，取 10m。则单池截面积为 $S_i = LB = 16 \times 10 = 160m^2$。

（3）设计反应池总高 $H = 6.5m$，其中超高 0.5m（一般应用时反应池装液量为 70%~90%）。单池总容积为 $V_i = S_iH = 160 \times (6.5 - 0.5) = 960m^3$；单池有效反应容积为 $V_{i有效} = S_ih = 160 \times 5 = 800m^3$；单个反应器实际尺寸为 $16m \times 10m \times 6.5m$；反应器数量为两座；总池面积为 $S_{总} = S_in = 160 \times 2 = 320m^2$；反应器总容积为 $V = V_in = 960 \times 2 = 1920m^3$；总

有效反应容积为 $V_{有效} = V_{i有效}n = 800 \times 2 = 1600m^3 > 1556m^3$，符合要求；UASB 体积有效系数为 $\frac{1600}{1920} \times 100\% = 83.3\%$，在 $70\% \sim 90\%$ 之间，符合要求。

（4）水力停留时间（HRT）及水力负荷率（V_r）：

$$t_{HRT} = \frac{V_{有效}}{Q} = \frac{1600}{208.33} = 7.68h$$

$$V_r = \frac{Q}{S_{总}} = \frac{208.33}{160 \times 2} = 0.65[m^3/(m^2 \cdot h)] < 1.0$$

符合设计要求。

（六）CASS 反应池

1. 设计参数

设计流量 $Q = 5000m^3/d = 208.33m^3/h = 0.058m^3/s$；进水 COD $= 280mg/L$，去除率为 85%；BOD 污泥负荷（N_s）为：$0.1kgBOD/kgMLSS$；混合液污泥浓度为：$X = 3500mg/L$；充水比为：0.32；进水 BOD $= 160mg/L$，去除率为 90%。

2. 设计计算

A 运行周期及时间的确定

（1）曝气时间：

$$t_a = \frac{24\lambda S_0}{N_s X} = \frac{24 \times 0.32 \times 160}{0.1 \times 3500} = 3.51h \approx 4h$$

式中 λ——充水比；

S_0——进水 BOD 值，mg/L；

N_s——BOD 污泥负荷，kgBOD/kgMLSS；

X——混合液污泥浓度，mg/L。

（2）沉淀时间：

$$t_s = \frac{H\lambda + \varepsilon}{u}$$

$$u = 4.6 \times 10^4 \times X^{-1.26} = 4.6 \times 10^4 \times 3500^{-1.26} = 1.57m/s$$

设曝气池水深 $H = 5m$，缓冲层高度 $\varepsilon = 0.5m$，沉淀时间为 $t_s = \frac{H\lambda + \varepsilon}{u} = \frac{0.32 \times 5 + 0.5}{1.57} = 1.33h \approx 1.5h$。

（3）运行周期 T：设排水时间 $t_d = 0.5h$，运行周期为 $t = t_a + t_s + t_d = 4 + 1.5 + 0.5 = 6h$。每日周期数为 $N = 24/6 = 4$。

B 反应池的容积及构造

（1）反应池容积：单池容积为 $V_i = \frac{Q}{nN\lambda} = \frac{5000}{0.32 \times 2 \times 4} = 1953.125m^3$。反应池总容积为 $V = 2V_i = 2 \times 1953.125 = 3906.25m^3$。式中，$N$ 为周期数；V_i 为单池容积；V 为总容积；n 为池数，本设计中采用两个 CASS 池；λ 为充水比。

（2）CASS 反应池的构造尺寸：CASS 反应池为满足运行灵活和设备安装需要，设计为长方形，一端为进水区，另一端为出水区。图7-3所示为CASS池构造。

图7-3 CASS池结构示意图

据资料，$B:H = 1 \sim 2$，$L:B = 4 \sim 6$，取 $B = 10\text{m}$，$L = 40\text{m}$。所以 $V_i = 40 \times 10 \times 5 = 2000\text{m}^3$，单池面积为 $S_i = \dfrac{V_i}{H} = \dfrac{2000}{5} = 400\text{m}^2$。

CASS池沿长度方向设一道隔墙，将池体分为预反应区和主反应区两部分，靠近进水端为CASS池容积的10%左右的预反应区，作为兼氧吸附区和生物选择区，另一部分为主反应区。根据资料，预反应区长 $L_1 = (0.16 \sim 0.25)L$，取 $L_1 = 8\text{m}$。

（3）连通口尺寸：隔墙底部设连通孔，连通两区水流，设连通孔的个数 n' 为3个。连通孔孔口面积 A_1 为：

$$A_1 = \left(\frac{Q}{24nn'U} + BL_1H_1 \right)\frac{1}{U}$$

$$H_1 = \frac{Q}{nNA}$$

式中　Q——每天处理水量，m^3/d；

　　　n——CASS池子个数；

　　　U——设计流水速度，本设计中 $U = 50\text{m}/\text{h}$；

　　　N——每日运行周期数；

　　　A——CASS池子的面积，m^2；

　　　A_1——连通孔孔口面积，m^2；

　　　L_1——预反应区池长，m；

　　　H_1——池内设计最高水位至滗水机排放最低水位之间的高度，m；

　　　B——反应池宽，m。

$$H_1 = \frac{5000}{2 \times 4 \times 400} = 1.6\text{m}$$

$$A_1 = \left(\frac{5000}{24 \times 2 \times 3 \times 50} + 10 \times 8 \times 1.6 \right) \times \frac{1}{50} = 2.51\text{m}^2$$

孔口沿隔墙均匀布置，孔口宽度不宜高于1.0m，故取0.9m，则宽为2.8m。

C　污泥COD负荷计算

由预计COD去除率得其COD去除量为 $280 \times 85\% = 238\text{mg/L}$。

则每日去除的COD值为 $\dfrac{5000 \times 238}{1000} = 1190\text{kg/d}$。

$$N_s = \frac{QS_U}{nXV}$$

式中　　Q——每天处理水量，m^3/d；

　　　　S_U——进水 COD 浓度与出水浓度之差，mg/L；

　　　　n——CASS 池子个数；

　　　　X——设计污泥浓度，mg/L；

　　　　V——主反应区池体积，m^3。

$$N_s = \frac{5000 \times 238}{2 \times 3500 \times 1600}$$
$$= 0.11 kgCOD/(kgMLSS \cdot d)$$

（七）集泥井

1. 设计参数

设计泥量。啤酒废水处理过程产生的污泥来自以下几部分：（1）UASB 反应器，$Q_1 = 24.5 m^3/d$，含水率 98%；（2）CASS 反应器，$Q_2 = 44.68 m^3/d$，含水率 99%；总污泥量为：$Q = Q_1 + Q_2 = 69.18 m^3/d$，设计中取 $70 m^3/d$。

2. 设计计算

考虑各构筑物为间歇排泥，每日总排泥量为 $70 m^3/d$，需在 1.5h 内抽送完毕，集泥井容积确定为污泥泵提升流量（$70 m^3/d$）的 10min 的体积，即 $7.8 m^3$。此外，为保证 CASS 排泥能按其运行方式进行，集泥井容积应外加 $37.23 m^3$。则集泥井总容积为 $7.8 + 37.23 = 45.00 m^3$。

集泥井有效深度为 3.0m，则其平面面积为 $A = \frac{V}{H} = \frac{45}{3} = 15 m^2$。

设集泥井平面尺寸为 4.0m×4.0m。集泥井为地下式，池顶加盖，由污泥泵抽送污泥。集泥井最高泥位为 -0.5m，最低泥位为 -3m，池底标高为 -3.5m。浓缩池最高泥位为 2m。则排泥泵抽升的所需净扬程为 5m，排泥泵富余水头 2.0m，管道水头损失为 0.5m，则污泥泵所需扬程为 $5 + 2 + 0.5 = 7.5m$。选择两台 80QW50-10-3 型潜污泵提升污泥（一用一备）。其性能如表 7-4 所示。

表 7-4　80QW50-10-3 型潜污泵性能

型号	流量/$m^3 \cdot h^{-1}$	扬程/m	转速/$r \cdot min^{-1}$	电动机功率/kW	效率/%	出口直径/mm	重量/kg
80QW50-10-3	50	10	1430	3	72.3	80	125

（八）污泥浓缩池

1. 设计参数

设计泥量。啤酒废水处理过程产生的污泥来自以下几部分。（1）UASB 反应器：$Q_1 = 24.5 m^3/d$，含水率 98%；（2）CASS 反应器：$Q_2 = 44.68 m^3/d$，含水率 99%；总污泥量为：$Q = Q_1 + Q_2 = 69.18 m^3/d$，设计中取 $70 m^3/d$。

参数选取。固体负荷[14]（固体通量）M 一般为 $10 \sim 35 kg/(m^3 \cdot d)$，取 $M = 30 kg/(m^3 \cdot d) = 1.25 kg/(m^3 \cdot h)$；浓缩时间取 $T = 20h$；设计污泥量 $Q = 70 m^3/d$；浓缩后污泥含水率为 96%。

2. 设计计算

（1）容积计算：浓缩后污泥体积为

$$V = V_0 \frac{1 - P_0}{1 - P} = 70 \times \frac{100 - 98}{100 - 96} = 35 \text{m}^3/\text{d}$$

式中　V_0——污泥含水率变为 P_0 时污泥体积。

（2）池子边长：根据要求，浓缩池的设计横断面面积应满足

$$A \geq QC/M$$

式中　Q——入流污泥量，m^3/d；

　　　M——固体通量，$\text{kg}/(\text{m}^3 \cdot \text{d})$；

　　　C——入流固体浓度，kg/m^3。

入流固体浓度（C）的计算如下：

$$C = \frac{W_1 + W_2}{Q_1 + Q_2}$$

$$W_1 = Q_1 \times 1000 \times (1 - 98\%) = 490 \text{kg}/\text{d}$$

$$W_2 = Q_2 \times 1000 \times (1 - 99\%) = 446.8 \text{kg}/\text{d}$$

那么，$Q_C = W_1 + W_2 = 936.8 \text{kg}/\text{d}$，$C = 936.8/70 = 13.38 \text{kg}/\text{m}^3$。

浓缩后污泥浓度为 $C_1 = 936.8/35 = 26.77 \text{kg}/\text{m}^3$。

浓缩池的横断面积为 $A = Q_C/M = 70 \times 13.38/30 = 31.22 \text{m}^2$。

设计一座正方形浓缩池，则每座边长 $B = 5.7 \text{m}$，则实际面积 $A = 5.7 \times 5.7 = 32.5 \text{m}^2$。

（3）池子高度：取停留时间 $HRT = 20 \text{h}$，有效高度 $h_2 = QT/(24A) = 70 \times 20/(24 \times 32.49) = 1.8 \text{m}$，超高 $h_1 = 0.5 \text{m}$，缓冲区高 $h_3 = 0.4 \text{m}$。则池壁高为 $H_1 = h_1 + h_2 + h_3 = 2.7 \text{m}$。

（4）污泥斗：污泥斗下锥体边长取 0.5m，污泥斗倾角取 50°，则污泥斗的高度为 $H_4 = (5.7/2 - 0.5/2) \times \tan 50° = 3.1 \text{m}$。

污泥斗的容积为：

$$V_2 = \frac{1}{3} h_4 (a_1^2 + a_1 a_2 + a_2^2)$$

$$= \frac{1}{3} \times 3.1 \times (5.7^2 + 5.7 \times 0.5 + 0.5^2)$$

$$= 36.78 \text{m}^3$$

（5）总高度：$H = 2.7 + 3.1 = 5.8 \text{m}$，设计计算草图如图 7-4 所示。

（6）排水口。浓缩后池内上清液利用重力排放，由站区溢流管管道排入格栅间，浓缩池设 4 根排水管于池壁，管径 $DN150\text{mm}$。于浓缩池最高处设置一根，向下每隔 1.0m、0.6m、0.4m 处设置一根排水管。

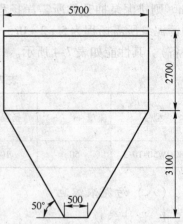

图 7-4　污泥浓缩池设计计算草图

（九）污泥脱水间

1. 设计参数

设计泥量：浓缩后污泥含水率为 96%；浓缩后污泥体积：$V_1 = \frac{100 - 98}{100 - 96} \times 70 = 35 \text{m}^3/\text{d}$。

参数选取：压滤时间取 $T = 4 \text{h}$；设计污泥量 $Q = 35 \text{m}^3/\text{d}$；浓缩后污泥含水率为 96%；

压滤后污泥含水率为75%。

2. 设计计算

污泥体积计算为

$$Q = Q_0 \frac{100 - P_1}{100 - P_2}$$

$$M = Q(1 - P_2) \times 1000$$

式中　Q——脱水后污泥量，m^3/d；

　　Q_0——脱水前污泥量，m^3/d；

　　P_1——脱水前含水率，%；

　　P_2——脱水后含水率，%；

　　M——脱水后干污泥重量，kg/d。

$$Q = Q_0 \frac{100 - P_1}{100 - P_2} = 35 \times \frac{100 - 96}{100 - 75} = 5.6 \, m^3/d$$

$$M = Q(1 - P_2) \times 1000 = 5.6 \times (1 - 75\%) \times 1000 = 1400 \, kg/d$$

污泥脱水后形成泥饼用小车运走，分离液返回处理系统前端进行处理。

机型选取：选取 DYQ-1000 型带式压榨过滤机，其工作参数如表7-5所示。

表7-5　DYQ-1000 型带式压榨过滤机工作参数

滤　网			电动机		控制器型号	最大冲洗耗水量 /$m^3 \cdot h^{-1}$	冲洗压力/MPa
有效宽 /mm	速度 /$m^3 \cdot h^{-1}$		型号	功率/kW			
1000	0.4 ~ 4		JZTY31-4	2.2	JDIA-40	6	≥0.4

气动部分输入压力/MPa	气动部分流量 /$m^3 \cdot h^{-1}$	处理能力 /$kg \cdot (h \cdot m^2)^{-1}$	泥饼含水率/%	外形尺寸（长×宽×高）/mm	重量/kg
0.5 ~ 1	0.8 ~ 2.5	50 ~ 500	65 ~ 75	5050×1890×2365	4500

四、经济效益

本处理系统建设期预计耗资 679.7 万元，概预算中仅包括污水处理的主体构筑物、辅助构筑物和相配套的设备。本处理系统采用中央自动化控制，因此需要的工人数量较少。污水处理成本主要是员工工资，污水处理电费，污水处理加药费用以及日常维修费四部分组成。

（1）工资费用：2个管理人员费用按每人1300元/月，4个技术员每人1500元/月。

$$E_1 = \frac{1300 \times 2 + 1500 \times 4}{5000 \times 30} = 0.057 \, 元/m^3 \, 。$$

（2）耗电费用：污水处理厂每天耗电 $W = 230 \times 24 = 5520 \, kW$，按 0.5 元/（kW·h），$E_2 = 0.5 \times 5520/5000 = 0.552 \, 元/m^3 \, 。$

（3）加药费：按国内相似工程情况计算，$E_3 = 0.02 \, 元/m^3 \, 。$

（4）直接运行费用：直接运行费用为 $E_1 + E_2 + E_3 = 0.057 + 0.552 + 0.02 = 0.63 \, 元/m^3 \, 。$

由（4）知直接运行费用为 0.63 元/m^3，若污水处理费每吨为 1.0 元，则处理 1t 废水所获经济效益为 0.37 元。则污水处理厂一天的经济效益为：$5000\text{m}^3/\text{d} \times 0.37$ 元$/\text{m}^3 =$ 1850 元。则污水处理厂一年的经济效益为：1850 元 $\times 365 = 675250$ 元。而本工程建设期预算耗资 679.7 万元，由 679.7 万元$/(67.525$ 万元/年) ≈ 10.07 年，则预计污水处理厂运行 11 年后就能收回建设成本，具有较好的经济效益。

案例二　豆制品废水处理

一、项目概况

某上海豆制品有限公司在生产过程中的废水主要是每天约 300t。公司对废气、噪声进行了严格治理，但厂群矛盾不减。原污水处理设施的处理能力为 80t/d，远小于实际污水产生量，不能满足达标排放要求。为了配合市政府对环保治理的决心，彻底杜绝污染物污染周边环境。

工程建设污水处理水量约为 $300\text{m}^3/\text{d}$，最大时流量约为 $20\text{m}^3/\text{h}$，平均流量为 $12.5\text{m}^3/\text{h}$。污水排放要求达到《上海市污水综合排放标准》（DB 31/199—1997）中第二类污染物的二级标准，具体水质指标如表 7-6 所示。

表 7-6　排放水质指标要求（建设方提供）

项目	COD_{Cr} /mg · L^{-1}	BOD_5 /mg · L^{-1}	氨氮 /mg · L^{-1}	SS /mg · L^{-1}	pH	油类 /mg · L^{-1}	色度/倍
指标	100	30	15	150	6 ~ 9	10	50

二、工艺流程图

图 7-5 所示为豆制品废水处理工艺流程图。废水经过精细格栅，去除豆渣等大颗粒悬浮物质，防止提升泵、管道、阀门的堵塞，以致损坏设备自流进入集水井后，经泵提升再进入隔油池，去除废水中所含的大量油脂，出水推流进入调节池，对废水的水质水量和水温进行调节，减少对后续处理构筑物的冲击负荷。

调节池出水用泵提升至厌氧反应器，废水中的大部分有机物都被去除。主要是通过在厌氧条件下，利用厌氧微生物甲烷菌等将有机污染物降解为甲烷和二氧化碳气体，从而减少废水中有机物的含量。

好氧接触氧化池中的污泥部分回流至综合调节池或厌氧生化单元。老化污泥定期排入污泥浓缩池。浓缩池污泥定期泵入带式压滤机脱水，干泥外运处置。

最后采用二沉池对生化系统的污泥和污水进行过滤分离，出水排入城市污水处理厂或加以回用。

三、设计计算

（一）集水井（池）

根据各股废水来源与组成，可确定最大小时流量设计值为 $300\text{m}^3/\text{d}$。设集水池深 3m，

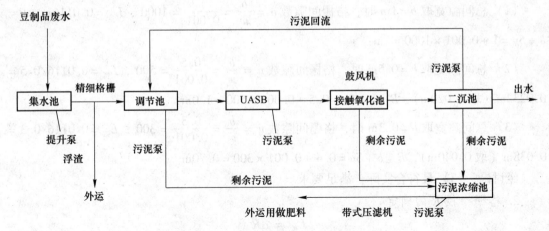

图 7-5 豆制品废水处理工艺流程图

最低水位为 0.3m，污水管于地下 1.5m 处通入，则其有效水深 $h_{有效} = 3 - 1.5 - 0.3 = 1.2$m。$Q_d = 300/24 = 12.5$m³/h。污水流量变化系数 K 取 2.4，则 $Q = KQ_{max} = 12.5 \times 2.4 = 30$m³/h。$V \geq Q/6 = 30/6 = 5$m³，$V$ 取 7.2m³。$A = V/h_{有效} = 7.2/1.2 = 6$m²。集水池设计为：长 × 宽 × 高 $= 3$m × 2m × 3m。

（二）精细格栅

精细格栅示意图如图 7-6 所示，其设计如下。

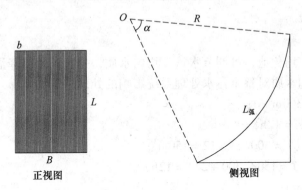

图 7-6 精细格栅示意图

1. 格栅宽度 B

$Q_{max} = 0.0035$m³/s，单缝间隙 w 取 0.001m，此处过水速度 v 为 0.3m/s，格条宽度 S 为 0.001m。

弧形过水面积 A：

$$A = bL_{弧}$$
$$Av = Q_{max}$$

$$A_{max} = \frac{Q_{max}}{v} = \frac{0.0035}{0.3} = 0.0116 \text{m}^2$$

讨论如下：

（1）总间隙宽取 $b = 1m$ 时，格栅间隙数 $n = \dfrac{b}{w} = \dfrac{1}{0.001} = 1000$，$L_{弧} = 0.0116m$，$B = b + Sn = 1 + 0.001 \times 1000 = 2m$；

（2）总间隙宽取 $b = 0.5m$ 时，格栅间隙数 $n = \dfrac{b}{w} = \dfrac{0.5}{0.001} = 500$，$L_{弧} = 0.0116/0.5 = 0.0232m$（取 $0.020m$），$B = b + Sn = 0.5 + 0.001 \times 500 = 1.0m$；

（3）总间隙宽取 $b = 0.3m$ 时，格栅间隙数 $n = \dfrac{b}{w} = \dfrac{0.3}{0.001} = 300$，$L_{弧} = 0.0116/0.3 = 0.038m$（取 $0.040m$），$B = b + Sn = 0.4 + 0.001 \times 300 = 0.70m$。

经讨论，（3）最符合实际，满足要求。

2. 格栅半径 R 的确定

$$L_{弧} = \alpha R$$

（1）当 α 取 $\pi/6$ 时，$R = L_{弧}/\alpha = 0.040/(\pi/6) = 0.076m$；

（2）当 α 取 $\pi/12$ 时，$R = L_{弧}/\alpha = 0.040/(\pi/12) = 0.15m$；

（3）当 α 取 $\pi/18$ 时，$R = L_{弧}/\alpha = 0.040/(\pi/18) = 0.23m$，取 0.25。

经讨论，α 取 $\pi/18$ 最符合实际，满足要求。

3. 栅渣量 W 计算

在栅间隙为 $0.001m$ 的条件下，设栅渣量系数 w_1 为 $0.01m^3/1000m^3$ 污水，则：

$$W = \frac{Q_{max} w_1}{1000 K_{总}} = \frac{300 \times 0.01}{1000 \times 2.46} = 0.012m^3/d < 0.2m^3/d$$

宜采用人工清渣。

（三）调节池

调节池亦称调节均化池，可调节水量，均匀水质，并起到散热降温之用，是用以尽量减少污水进水水量和水质对整个污水处理系统影响的处理构筑物。

设计水量：$Q = 300m^3/d$；

污水变化周期：$t = 12h$；

有效容积：$V = Qt = 300/24 \times 12 = 150m^3$；

水力停留时间：$T = 150/(300 \div 24) = 12h$；

有效水深：$H = 3m$；

横截面积：$S = \dfrac{V}{H} = \dfrac{150}{3} = 50m^2$；

采用两座，池长：$L = 5m$，则池宽：$B = S/L = 25/5 = 5m$；

取超高为 $0.5m$，设计调节池尺寸：$L \times B \times H = 5m \times 5m \times 3.5m$。

（四）UASB

经过对同类工业废水用 UASB 反应器处理运行结果的调查，已知常温（20～30℃）条件下，UASB 反应器的进水负荷率可达 $5 \sim 6 kgCOD_{Cr}/(m^3 \cdot d)$。$COD_{Cr}$，$BOD_5$ 和 SS 的去除率分别为 85%、85% 和 70%，厌氧污泥可实现颗粒化。图7-7所示为 UASB 运行剖面示意图。

（1）处理后出水水质：已知预期 BOD_5 的去除率可达 85%。则出水预期 BOD_5 浓度为

$5000 \times (1 - 85\%) = 750\text{mg/L}$；已知预期 COD_{Cr} 的去除率可达 85%。则出水预期 COD_{Cr} 浓度为 $7000 \times (1 - 85\%) = 1050\text{mg/L}$；已知预期 SS 的去除率可达 70%。则出水预期 SS 浓度为 $1500 \times (1 - 70\%) = 450\text{mg/L}$。

（2）UASB 反应器有效容积及长、宽、高尺寸的确定：采用进水 COD_{Cr} 容积负荷为 $6.0\text{kgCOD}_{\text{Cr}}/(\text{m}^3 \cdot \text{d})$，则 UASB 反应器的有效容积为 $V_\text{R} = \dfrac{QS_o}{U}$

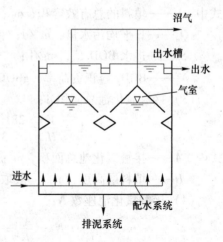

$= \dfrac{300 \times 7.0}{6.0} = 350\text{m}^3$。考虑检修时不至于全部停产，采用两座 UASB 反应器，每个反应器容积为 $\dfrac{350\text{m}^3}{2} = 175\text{m}^3$。采用反应器有效高度为 5m，则每个反应器面积为 $\dfrac{175\text{m}^3}{5\text{m}} = 35\text{m}^2$。设反应器的长为 7m，则反应器的宽为 $\dfrac{35\text{m}^2}{7\text{m}} = 5\text{m}$。

图 7-7　UASB 运行剖面示意图

（3）三相分离器设计：三相分离器沉淀面积即为反应器的水平面积，则沉淀区的表面负荷率为 $300 \div 24 \div 2 \div 35 = 0.179\text{m}^3/(\text{m}^2 \cdot \text{h})$，该值小于 $1.0 \sim 2.0\text{m}^3/(\text{m}^2 \cdot \text{h})$，满足要求。

（4）UASB 反应器构造的确定：UASB 反应器采用矩形，三相分离器由上、下两层重叠的三角形集气罩组成，采用穿孔管进水配水，采用明渠出水。

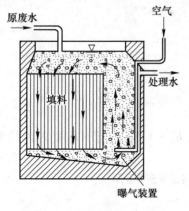

图 7-8　接触氧化池示意图

（五）接触氧化池

UASB 的 BOD_5 去除效率为 85%，再经接触氧化池的处理，BOD_5 去除效率可达 95% 以上。池座数一般不应少于两座。

城市二级处理，采用的 BOD_5 容积负荷率为 $1.2 \sim 20\text{kgBOD}_5/(\text{m}^3 \cdot \text{d})$，当处理水 BOD_5 值要求达到 30mg/L 以下时，采取的负荷率为 $0.8\text{kgBOD}_5/(\text{m}^3 \cdot \text{d})$。

本工艺曝气装置直接安设在填料底部。曝气装置多为鼓风曝气系统，可充分利用池容，填料间紊流激烈，生物膜更新快，活性高，不易堵塞。设计模式如图 7-8 所示。

（1）进水 BOD_5 浓度：$S_0 = 5000 \times (1 - 85\%) = 750\text{mg/L}$。

（2）生物接触氧化池填料的容积 V：

$$V = \frac{Q_\text{d}S_0}{N_\text{v}}$$

$$= \frac{300\text{m}^3/\text{d} \times 750\text{mg/L}}{0.8\text{kgBOD}_5/(\text{m}^3 \cdot \text{d})}$$

$$= 281.25\text{m}^3$$

式中　V——填料的总有效容积，m^3；

　　　Q_d——日平均污水量，m^3/d；

　　　S_0——进水 BOD_5 值，mg/L；

　　　N_v——BOD_5 容积负荷率，$gBOD_5/(m^3 \cdot d)$。

（3）接触氧化池总面积 A：

$$A = \frac{V}{H} = \frac{281.25}{3} = 93.75m^2 \quad （取 94.0m^2）$$

式中　A——接触氧化池总面积，m^2；

　　　H——填料层高度，m，一般取 3m。

（4）接触氧化池座数 N：

$$N = \frac{A}{f} = \frac{94}{24} = 3.92 座 \quad （取 4 座）$$

式中　N——接触氧化池座数，一般 $N \geqslant 2$；

　　　f——每座接触氧化池面积，m^2，一般 $f \leqslant 25m^2$，取 $24m^2$。

（5）污水与填料的接触时间 t：

$$t = \frac{NfH}{Q_d} = \frac{12 \times 24 \times 3.0}{300} = 2.88h$$

式中　t——污水在填料层内的接触时间，h。

（6）接触氧化池的总高度 H_0：

$$\begin{aligned}H_0 &= H + h_1 + h_2 + (m-1)h_3 + h_4 \\ &= 3.0 + 0.5 + 0.5 + (2-1) \times 0.3 + 1.5 \\ &= 5.8m\end{aligned}$$

式中　H_0——接触氧化池总高度，m；

　　　h_1——超高，m，$h_1 = 0.5 \sim 1.0m$；

　　　h_2——填料上部稳定水层深，m，$h_2 = 0.4 \sim 0.5m$；

　　　h_3——填料层间隙高度，m，$h_3 = 0.2 \sim 0.3m$；

　　　m——填料层数，此处取 2 层；

　　　h_4——配水区高度，m，当考虑需要入内检修时，$h_4 = 1.5m$，当不需要入内检修时，$h_4 = 0.5m$。

接触氧化池共 4 座，每座池子尺寸：$L \times B \times H = 6m \times 4m \times 5.8m$。

（六）曝气系统及剩余污泥产量

（1）剩余活性污泥量 P_x：

$$\begin{aligned}P_x &= YQ(S_i - S_e) \\ &= 0.5 \times 300m^3/d \times (750 - 30)mg/L \\ &= 108kg/d\end{aligned}$$

式中　S_i——进水 BOD_5 值，mg/L；

　　　S_e——要求 BOD_5 值，mg/L；

　　　P_x——剩余污泥量，kg/d；

　　　Y——污泥产率系数，在 20℃ 时，有机污染物以 BOD 计，$Y = 0.4 \sim 0.8$，此处

取 0.5。

（2）实际空气量的确定 $G_{实际}$：曝气池中有机物转化的最终生化需氧量 BOD_u 为

$$BOD_u = \frac{BOD_5}{0.68} = \frac{Q(S_i - S_e)}{0.68}$$

$$= \frac{300m^3/d \times (750 - 30)mg/L}{0.68}$$

$$= 317.65kg/d$$

若空气密度为 $1.201kg/m^3$，空气中含有氧为 23.2%，氧利用率为 E_A 为 10%。

有机物降解实际所需氧量为

$$G_1 = \frac{Q(S_i - S_e)}{0.68} - 1.42P_x$$

$$= 317.65 - 1.42 \times 108$$

$$= 164.29kg/d$$

则所需要的理论空气量为

$$G_{理论} = \frac{G_1}{1.201 \times 0.232} = \frac{164.29}{1.201 \times 0.232}$$

$$= 589.63m^3/d = 0.41m^3/min$$

实际空气量为：

$$G_{实际} = \frac{G_{理论}}{E_A} = \frac{589.63}{10\%}$$

$$= 5896.3m^3/d = 4.1m^3/min$$

（3）风压估算：水压为 $P_1 = \rho g h_0 = 1000 \times 9.81 \times 5.8 = 5.684 \times 10^4 Pa$。风压 = 水压 + $(10 \sim 15kPa)$，则有：

$$P = P_1 + 1.5 \times 10^4$$

$$= 5.684 \times 10^4 + 1.5 \times 10^4$$

$$= 7.2 \times 10^4 Pa$$

（七）二沉池

图 7-9 所示为竖流沉淀池剖面示意图。设置二沉淀池可进一步去除悬浮物，分离泥水、澄清混合液、浓缩和回流活性污泥，改善出水水质。当偶尔发生大量漂泥时，提高了可见性，能够及时回收污泥保持工艺的稳定性。污泥回流可加速污泥的积累，缩短启动周期。本工艺中采用竖流式沉淀池。二沉池工作性能的好坏，对活性污泥处理系统的出水水质和回流污泥的浓度有直接影响。

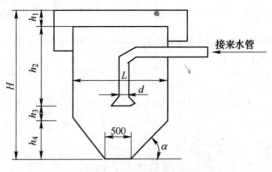

图 7-9 竖流沉淀池剖面示意图

（1）中心管最小面积：

设计水量为

$$q_{max} = \frac{300}{86400} = 0.0035 \text{m}^3$$

中心管最小面积为

$$f_1 = \frac{q_{max}}{v_0} = \frac{0.0035}{0.03} = 0.12 \text{m}^2$$

则直径为

$$d = \sqrt{\frac{4f_1}{\pi}} = \sqrt{\frac{4 \times 0.12}{\pi}} = 0.39 \text{m} \quad (\text{取} 0.40 \text{m})$$

式中 f_1——中心管最小面积，m^2；

　　　d——中心管直径，m。

（2）沉淀池的有效沉淀高度：

$$h_2 = 3600vt$$
$$= 3600 \times 0.0003 \times 2.5$$
$$= 2.7 \text{m}$$

式中 h_2——有效沉淀高度，m；

　　　v——污水在沉淀区的上升流速，mm/s，一般拟用 $0.0005 \sim 0.001 \text{m/s}$；

　　　t——沉淀时间，一般采用 $1.0 \sim 2.0\text{h}$（初次沉淀池）；$1.5 \sim 2.5\text{h}$（二次沉淀池）。

（3）中心管喇叭口到反射板之间的间隙高度：$d_1 = 1.35d = 1.35 \times 0.40 = 0.54\text{m}$；$d_2 = 1.3d_1 = 1.3 \times 0.54 = 0.70\text{m}$。间隙流出速度一般不大于 40mm/s，取 $v_1 = 0.04\text{m/s}$，则：

$$h_5 = \frac{q_{max}}{\pi v_1 d_1} = \frac{0.0035}{3.14 \times 0.04 \times 0.70} = 0.04 \text{m}$$

式中 d_1——喇叭口直径，m；

　　　d_2——反射板直径，m；

　　　h_5——中心管喇叭口到反射板之间的间隙高度，m。

（4）沉淀池总面积及沉淀池边长：

沉淀区面积为

$$f_2 = \frac{q_{max}}{v} = \frac{0.0035}{0.0003} = 1.17 \text{m}^2$$

沉淀池的总面积为

$$A = f_1 + f_2 = 0.12 + 1.17 = 1.29 \text{m}^2$$

由于面积小，采用方形池面，则边长：

$$L = \sqrt{A} = \sqrt{1.29} = 1.14\text{m}, \text{取} 1.2\text{m}$$

式中 f_2——沉淀区面积，m^2；

　　　A——沉淀池总面积，m^2；

　　　L——沉淀池边长，m。

（5）污泥斗及污泥斗高度：取 $\alpha = 60°$，截头直径 d' 为 0.50m，则：

$$h_4 = \frac{1.2 - 0.5}{2} \tan 60° = 0.61 \text{m}$$

沉淀池的总高度：h_1 为超高，取 0.3m，h_3 为缓冲高度，取 0.3m，则：

$$H = h_1 + h_2 + h_3 + h_4 + h_5$$
$$= 0.3 + 2.7 + 0.3 + 0.61 + 0.04$$
$$= 3.95m \quad （取 4.0m）$$

式中　H——池总高度，m；

　　　h_1——超高，采用 0.3m；

　　　h_3——缓冲高度，m；

　　　h_4——污泥斗高度，m。

（6）污泥斗容积 V：

$$V = \frac{\pi h_4 (L^2 + Ld' + d'^2)}{3}$$
$$= \frac{3.14 \times 0.61 \times (1.2^2 + 1.2 \times 0.5 + 0.5^2)}{3}$$
$$= 1.46m^3$$

（7）出水堰负荷校核：二沉池周长 $L = 4L_2 = 4 \times 1.2 = 4.80m$。采用周边出水方式，则

$$出水堰负荷 = \frac{Q}{L} = \frac{0.0035m^3/s}{4.80m} = 0.73L/s$$

二沉池的出水堰负荷，一般可以在 1.5~2.9L/(m·s) 之间选取。故设计符合要求。

（八）污泥浓缩池的设计

浓缩池如图 7-10 所示。设污泥初始含水率为 $P_1 = 99.5\%$，污泥浓度为 10g/L，浓缩后污泥浓度为 30g/L，含水率 $P_2 = 97\%$，污泥固体通量 $M = 50kg/(m^2 \cdot d)$。$\frac{VSS}{SS} = 0.8$，污泥的表现产率为 0.05kgVSS/(kg·COD)。

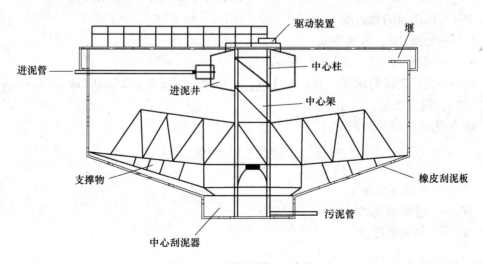

图 7-10　浓缩池剖面示意图

（1）污泥量计算：设经处理后，BOD_5 处理可达排放标准，则其去除率 $\eta = \dfrac{5000-30}{5000} \times$ $100\% = 99.4\%$。每日表观产泥量 $m = 300 \times 5.0 \times 99.4\% \times 0.5 = 745.5 \mathrm{kg \cdot ss/d}$，据经验数据可知，污泥浓度 ρ 约为 $1.08 \mathrm{g/cm^3}$，则

$$V = \frac{m}{\rho} = \frac{745.5 \mathrm{kg/d}}{1.08 \mathrm{g/cm^3}} = 0.69 \mathrm{m^3/d}$$

（2）浓缩池总面积：

$$A = \frac{VC}{M} = \frac{0.69 \times 100}{50} = 1.38 \mathrm{m^2}$$

式中　A——浓缩池的总面积，$\mathrm{m^2}$；

　　　　V——污泥量，$\mathrm{m^3/d}$；

　　　　C——污泥固体浓度，$\mathrm{g/L}$；

　　　　M——浓缩池固体通量，$\mathrm{kg/(m^2 \cdot d)}$。

（3）浓缩池的直径 D：

$$D = \sqrt{\frac{4A}{\pi}} = \sqrt{\frac{4 \times 1.38}{\pi}} = 1.33 \mathrm{m} \quad （取 1.40 \mathrm{m}）$$

（4）浓缩池工作部分高度：取污泥浓缩时间 $T = 16\mathrm{h}$，则：

$$h_1 = \frac{TV}{24A} = \frac{16 \times 1.40}{24 \times 1.38} = 0.68 \mathrm{m} \quad （取 0.70 \mathrm{m}）$$

式中　h_1——浓缩池工作部分高度，m；

　　　　T——设计浓缩时间，h；

　　　　A——浓缩池的总面积，$\mathrm{m^2}$；

　　　　V——污泥量，$\mathrm{m^3/d}$。

（5）浓缩池的总高度：

$$H = h_1 + h_2 + h_3 + h_4 = 0.70 + 0.30 + 0.40 + 0.2 = 1.60 \mathrm{m}$$

式中　H——浓缩池的总高度，m；

　　　　h_2——超高，m，取 $0.30\mathrm{m}$；

　　　　h_3——缓冲层高度，m，取 $0.40\mathrm{m}$；

　　　　h_4——坡底造成的深度，取 $i = 0.1$，$h_4 = Di/2 = 4 \times 0.1/2 = 0.2\mathrm{m}$。

$H < 3\mathrm{m}$，符合规定。

（6）浓缩后污泥的体积 V'：

$$V' = \frac{V(1-P_1)}{P_2} = \frac{0.69 \times (1-99.5\%)}{97\%} = 0.115 \mathrm{m^3}$$

式中　V'——污泥量，$\mathrm{m^3}$；

　　　　P_1——进泥浓度，$\%$；

　　　　P_2——出泥浓度，$\%$。

四、经济效益

经初步估算，工程总投资约 169.81 万元，结合实际操作需要，每吨豆制品废水处理

费用约 3.09 元。

工程实施后，企业直接经济效益来自三个方面：（1）废水经处理后达标排放，企业每年可免交排污费 140 万元；（2）UASB 厌氧发酵回收沼气，每去除 1kgCOD$_{Cr}$ 产生 0.45m^3 沼气，每 1m^3 沼气的燃烧热值与 1kg 标准煤相当，若燃煤价格以 300 元/吨计，则每年沼气回收节约买煤资金 11.4 万元；（3）处理后的废水回用于厂内锅炉除尘、冲洗厕所、厂区其他杂用水如绿化刷车用水等。回用水量以 30% 计，每年可节水 40 万立方米。若每立方米以 0.6 元计算，每年可节约水费 34 万元。合计全年经济效益 177.4 万元，扣除年运行费用 141.24 万元，年节余 36.16 万元。

案例三　纺织废水处理

一、项目概况

某丝绸有限公司主要经营白厂丝、蚕茧等。目前该厂有 10 组自动缲丝机，每天可生产白厂丝 1t，年产量约为 300t，每天需要处理的含氮、磷的无毒有机物废水水量为 1200m^3/d。目前,.该厂的废水均进入厂区外的三个占地面积约为 8 亩的氧化塘，经过自然氧化后，废水仍无法达到排放要求。

根据项目方的要求以及我们查阅的相关资料，确定废水每日最大的排放量为 1200m^3/d，即设计处理水量为 1200m^3/d。按照每日 24h 不间断处理，则每小时处理量为 50m^3。

根据标准的要求，并且联系当今社会的环境保护需求，缲丝废水排放标准日趋严格，所以设计出水水质如表 7-7 所示。

表 7-7　设计出水水质

序　号	污染物	出水水质/mg·L^{-1}	去除率/%
1	COD$_{Cr}$	≤30	95.72
2	BOD$_5$	≤12	96.67
3	氨氮	≤5	90.19
4	SS	≤20	66.53

二、工艺流程图

缲丝厂废水处理的时间主要是在生产时间段内，各种工段以及各时段的废水量以及水质都有一定的变化。根据各个生产工段的废水水质特点，结合原有的两级氧化塘，考虑了节能、经济并且能够达到处理标准的需要。

缲丝厂废水处理流程见图 7-11。

三、主要构筑物计算

（一）氧化塘（一、二级）

1. 设计参数

（1）共占地面积 5.6 亩（即约为 3700m^2），则有效容积约 3000m^3；

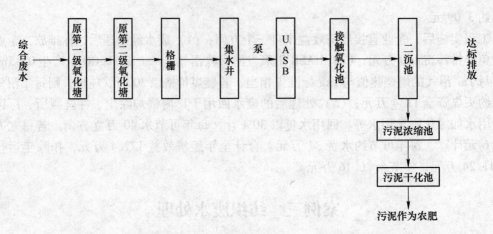

图 7-11　缫丝厂废水处理流程图

（2）二级氧化塘约是一级氧化塘的面积的两倍。则：一级氧化塘面积约为 1200m²，容积约为 960m³；二级氧化塘面积约为 2500m²，容积约为 2040m³；塘深约 0.8m，是兼性氧化塘。

2. 设计计算

（1）水力停留时间 HRT：

$$HRT = \frac{V}{Q}$$

式中　V——氧化塘体积；

　　　Q——日处理量。

则水力停留时间为一级氧化塘：$HRT = \dfrac{960}{1200} = 0.8d$，二级氧化塘：$HRT = \dfrac{2040}{1200} = 1.7d$。

（2）去除率计算：在理论范围内，在正常运行条件下，BOD 去除率一般可以达到 70%~90%。但是根据原有的两级氧化塘的运行数据大致判断，其水力停留时间太短，处理效果不佳，大致估计一、二级氧化塘的去除率分别为 5% 和 10%。则两级串联的氧化塘的去除率为：$\eta = 5\% + (1 - 5\%) \times 10\% = 14.5\%$。

（3）出水水质计算：

$$C_{COD_{Cr}} = 701.75 \times (1 - 14.5\%) = 600.00mg/L$$

$$C_{BOD_5} = 359.67 \times (1 - 14.5\%) = 307.52mg/L$$

（二）格栅

1. 设计参数

已知：平均流量为 0.014m³/s。设定：使用一粗一细两级格栅，两级格栅同时工作。其中，中格栅间隙 25mm；细格栅间隙 10mm。图 7-12 所示为细格栅计算示意图。

2. 设计计算

A　中格栅

设栅前水深 $h = 0.4\text{m}$，过栅流速取 0.3m/s，格栅安装倾角取 $\alpha = 75°$，根据资料（见表7-8），选择水量总变化系数 $K_{总} = 2.0$。

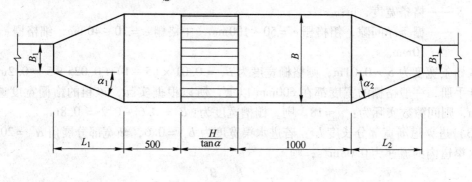

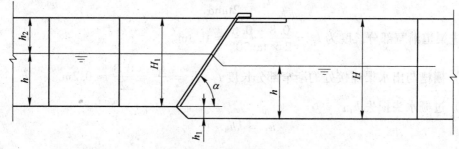

图 7-12　细格栅计算示意图

表 7-8　水量变化系数 $K_{总}$

平均日流量/L·s^{-1}	4	6	10	15	25	40	70	120	200
$K_{总}$	2.3	2.2	2.1	2.0	1.89	1.80	1.69	1.59	1.51

（1）格栅的间隙数 n

$$n = \frac{Q_{\max} \sqrt{\sin\alpha}}{ehv}$$

式中　$Q_{\max}$ ——最大设计流量，m^3/s；

　　　α ——格栅倾角，°；

　　　e ——栅条净间隙，粗格栅 $e = 50 \sim 100\text{mm}$，中格栅 $e = 10 \sim 40\text{mm}$，细格栅 $e = 3 \sim 10\text{mm}$；

　　　h ——栅前水深，m；

　　　v ——过流速度，m/s，最大设计流量时为 $0.8 \sim 1.0\text{m/s}$，平均设计流量时为 0.3m/s；

　　　$\sqrt{\sin\alpha}$ ——经验系数。

则取计算得格栅间隙数 n 为

$$n = \frac{0.014 \times \sqrt{\sin 75°}}{0.025 \times 0.4 \times 0.3} = 5$$

（2）栅槽宽度 B：栅槽宽度一般比格栅的宽度宽 $0.2 \sim 0.3\text{m}$，取 0.2m 格栅宽度 B' 为

$$B' = S(n - 1) + en$$
$$B = B' + 0.2$$

式中　S——格条宽度，m；

　　　e——栅条净间隙，粗格栅 $e = 50 \sim 100$mm，中格栅 $e = 10 \sim 40$mm，细格栅 $e = 3 \sim 10$mm。

取栅条宽度为 $S = 0.01$m，则格栅宽度为 $B_1 = 0.01 \times (5 - 1) + 0.025 \times 5 = 0.2$m。根据设计手册，一般格栅的宽度都在 600mm 以上，所以根据实际，该粗的格栅宽度选择为 600mm，则间隙数实际为：$n \approx 18$。则，栅槽宽度为：$B = 0.6 + 0.2 = 0.8$m。

（3）进渠道渐宽部分长度 l_1：若进水渠宽度为 $B_1 = 0.6$，渐宽部分展角 $\alpha_1 = 20°$，此时进水渠道内的流速为 0.08m/s，则

$$l_1 = \frac{B - B_1}{2\tan\alpha_1}$$

则进渠道渐宽部分长度为 $l_1 = \dfrac{0.8 - 0.6}{2 \times \tan20°} \approx 0.3$m。

（4）栅槽与出水渠连接处的渐窄部分长度 l_2：$l_2 = \dfrac{l_1}{2} = \dfrac{0.3}{2} \approx 0.2$m。

（5）过栅水头损失 h_1：

$$h_1 = kh_0$$
$$h_0 = \xi \frac{v^2}{2g}\sin\alpha$$

式中　h_1——过栅水头损失，m；

　　　h_0——计算水头损失，m；

　　　g——重力加速度，9.8m/s^2；

　　　k——系数，格栅受污染物质堵塞后，水头损失增大的倍数，一般取 $k = 3$；

　　　ξ——阻力系数，与栅条形状有关，$\xi = \beta\left(\dfrac{S}{e}\right)^{\frac{4}{3}}$，当格栅断面为矩形断面时，$\beta = 2.42$，则

$$\xi = 2.42 \times \left(\frac{0.01}{0.025}\right)^{\frac{4}{3}} = 0.71$$

$$h_0 = 0.71 \times \frac{0.014^2}{2 \times 9.8} \times \sin75° = 6.86 \times 10^{-6}\text{m}$$

$$h_1 = 3 \times 6.86 \times 10^{-6} = 2.06 \times 10^{-5}\text{m}$$

因为所计算的水头损失非常小，该段的水头损失忽略不计。

（6）格栅后槽的高度 H：取格栅前渠道超高 $h_2 = 0.4$m；则栅前槽高 $H_1 = h + h_2 = 0.8$m；则格栅后槽的高度：$H = h + h_1 + h_2 = H_1 = 0.8$m。

（7）栅槽总长度 L：

$$L = l_1 + l_2 + 0.5 + 1.0 + \frac{H_1}{\tan\alpha}$$

式中　L——栅槽总长度；

　　　H_1——栅前槽高；

l_1——进渠道渐宽部分长度；

l_2——栅槽与出水渠连接处的渐窄部分长度。

则栅槽总长度

$$L = 0.3 + 0.2 + 0.5 + 1.0 + \frac{0.8}{\tan 75°} = 2.2 \text{m}$$

（8）栅渣量 W：

$$W = \frac{Q_{max} w_1 \times 86400}{K_{总} \times 1000}$$

式中　w_1——栅渣量系统（$\text{m}^3/10^3 \text{m}^3$ 污水），取 $0.1 \sim 0.01$，格栅粗用小值，格栅细用大值，中格栅用中值；

　　　$K_{总}$——生活污水流量总变化系数，见表7-8。

根据选择，$K_{总} = 2$，$w_1 = 0.08$，则栅渣量为 $W = \frac{0.014 \times 0.08 \times 86400}{2 \times 1000} = 0.05 \text{m}^3/\text{d} <$

$0.2 \text{m}^3/\text{d}$。由于栅渣量比较小，所以采用人工清渣。

B　细格栅

（1）格栅的间隙数 n：

$$n = \frac{0.014 \times \sqrt{\sin 75°}}{0.01 \times 0.4 \times 0.3} = 12$$

（2）栅槽宽度 B：取栅条宽度为 $S = 0.01 \text{m}$，则格栅宽度为 $B' = 0.01 \times (12 - 1) +$ $0.01 \times 12 = 0.3 \text{m}$。根据设计手册，一般格栅的宽度都在 600mm 以上，所以根据实际选择该细的格栅宽度为 0.6m，实际为 $n \approx 31$。

栅槽宽度为 $B = 0.6 + 0.2 = 0.8 \text{m}$。

（3）进渠道渐宽部分长度 l_1：若进水渠宽度为 $B_1 = 0.6 \text{m}$，渐阔部分展角 $20°$，此时进水渠道内的流速为 0.17m/s。

则进渠道渐宽部分长度为：$l_1 = \frac{0.8 - 0.6}{2 \times \tan 20°} = 0.3 \text{m}$

（4）栅槽与出水渠连接处的渐窄部分长度 l_2：

$$l_2 = \frac{l_1}{2} = \frac{0.3}{2} \approx 0.2 \text{m}$$

（5）过栅水头损失 h_1：

$$\xi = 2.42 \times \left(\frac{0.01}{0.01}\right)^{\frac{4}{3}} = 2.42$$

$$h_0 = 2.42 \times \frac{0.014^2}{2 \times 9.8} \times \sin 75° = 2.34 \times 10^{-5} \text{m}$$

$$h_1 = 3 \times 9.4 \times 10^{-5} = 2.82 \times 10^{-4} \text{m}$$

由于水头损失很小，忽略不计。

（6）格栅后槽的高度 H：$H = h + h_1 + h_2 = 0.8 \text{m}$。

（7）栅槽总长度 L：$L = 0.3 + 0.2 + 0.5 + 1.0 + \frac{0.8}{\tan 75°} = 2.2 \text{m}$。

（8）栅渣量：$W = \frac{0.014 \times 0.1 \times 86400}{2 \times 1000} = 0.06 \text{m}^3/\text{d} < 0.2 \text{m}^3/\text{d}$。由于栅渣量比较小，所以采用人工清渣。

3. 设计结果

根据本设计选择的是一粗一细两道格栅，且由于水量比较小，所计算得的格栅宽度非常小，根据设计手册，并且联系实际，本设计最后将格栅的宽度统一选择了600mm，则水槽宽度为0.8m。进水高度设置为0.4m，超高为0.4m，则槽深为0.8m。栅槽的长度乃两部分长度之和，约为4m。由于栅渣量比较小，所以采用人工清渣。栅渣部分交由环卫部门统一处理。

（三）泵房

1. 设计参数

集水井设计图如图7-13所示。

（1）设计水量：$Q = 50 \text{m}^3/\text{h}$；

（2）水力停留时间：$T = 6\text{h}$；

（3）水面超高：$h_1 = 0.5\text{m}$；

（4）有效水深：$h_2 = 4.5\text{m}$。

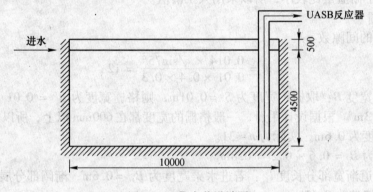

图7-13　集水井设计图

2. 设计计算

（1）集水井有效容积：

$$V = QT = 50 \times 6 = 300 \text{m}^3$$

（2）集水井尺寸计算：集水井的高度为 $H = h_1 + h_2 = 4.5 + 0.5 = 5\text{m}$，集水井水面面积为 $A = \dfrac{V}{h_2} = \dfrac{300}{4.5} = 66.7\text{m}^2$，取70m²。设计集水井面积为 $L \times B = 10 \times 7\text{m}^2$。

所以，该集水井的尺寸为：$L \times B \times H = 10\text{m} \times 7\text{m} \times 5\text{m}$。

3. 泵型选择

根据上述设计，选择泵的流量为50m³/h，扬程为10m，设两台提升泵，一备一用。则选择的泵型为80WQ50-10-3，其参数设置见表7-9。

表7-9　80WQ50-10-3潜污泵参数

流量 Q		扬程 H/m	转速 $n/\text{r} \cdot \text{min}^{-1}$	电　机		效率 $\eta/\%$	泵出口直径/mm	泵重/kg
m³/h	m³/s			功率/kW	型号			
50	0.014	10	1430	3	Y160m-6	72.3	80	125

4. 设计结果

集水井的尺寸为 10m×7m×5m，设立一座集水池。由于设立的是两台潜污泵，所以省去泵站的建设。

（四）UASB 反应器

1. 设计参数

进水流量为 1200m³/d（50m³/h）。

（1）COD 的容积负荷取值为 2.5kgCOD/(m³·d)；

（2）产泥率为 0.15kg/kgBOD；

（3）产气率为 0.5m³/kgCOD。

2. 设计计算

理论有效容积 V_0 为

$$V_0 = \frac{QC_0}{N_v}$$

式中　Q——废水的设计流量，m³/d；

　　　N_v——容积负荷率，kgCOD/(m³·d)；

　　　C_0——进水 COD 浓度，kg/m³。

则理论上有效容积 V_0 为：$V_0 = \dfrac{1200 \times 0.600}{2.5} = 288m^3$。实际上假设水力停留时间 $HRT = 6h$，则实际上的容积为

$$V = Q \times HRT = 1200 \times \frac{6}{24} = 300m^3$$

预计设立一个 UASB 反应器，所以选择将 UASB 反应器设计成圆形池子，该形状的池子具有补水均匀，处理效果好的特点。

取水力负荷 $q = 0.95$ [m³/(m²·h)]，则水力表面积为：$A_0 = \dfrac{Q}{q} = \dfrac{50}{0.95} = 52.63m^2$。

有效水深：$h = \dfrac{V}{A_0} = \dfrac{300}{52.63} \approx 5.70m$，取 $h = 6m$。

采用一座反应器，则圆形 UASB 反应器的直径为 $D = \sqrt{\dfrac{4A_0}{\pi}}$。

所以 $D = \sqrt{\dfrac{4 \times 52.63}{\pi}} = 8.2m$，取 $D = 9m$。

则实际的横断面面积为 $A = \dfrac{1}{4}\pi D^2 = \dfrac{1}{4} \times \pi \times 9^2 = 63.59m^2$。

实际的表面水力负荷为 $q_1 = \dfrac{Q}{A} = \dfrac{50}{63.59} = 0.79m^3/(m^2 \cdot h) < 1.0m^3/(m^2 \cdot h)$，所以该设计符合要求。

（五）生物接触氧化池

1. 设计参数

参数设置：设计水量为 1200m³/d，50m³/h；BOD 容积负荷率为 0.3kgBOD/(m³·d)；采用一段式生物氧化池，设置一座接触氧化池。

2. 设计计算

接触氧化池的构筑物草图见图 7-14。

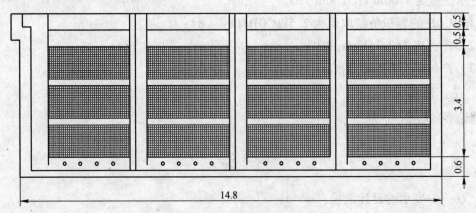

图 7-14   接触氧化池的构筑物草图

（1）生物接触氧化池填料容积计算：

$$W = \frac{QS_0}{N_w}$$

式中 W——填料的总有效容积，m³；

     Q——日平均污水处理量，m³/d；

     S_0——原污水 BOD$_5$ 值，g/m³ 或 mg/L；

     N_w——BOD 容积负荷率，gBOD$_5$/(m³·d)。

则填料容积为：

$$W = \frac{1200\text{m}^3/\text{d} \times (58.84 - 12)\,\text{g/m}^3}{0.3 \times 10^3\,\text{g}/(\text{m}^3 \cdot \text{d})} \approx 200\text{m}^3$$

（2）接触氧化池总面积 A：

$$A = \frac{W}{H}$$

式中 A——接触氧化池总面积；

     H——填料涂层高度，一般取 3m。

设填料层高度为 3m，则填料层面积为 $A = \dfrac{W}{h} = \dfrac{200}{3} = 67\text{m}^2$。

（3）接触氧化池的座数或格数 f：根据需要，设置一座接触氧化池，分为 4 格（n 的设置使得 $f \leqslant 25\text{m}^2$）

$$f = \frac{A}{n} = \frac{67}{4} = 16.75\text{m}^2$$

则设置填料层的长和宽为 $l \times b = 4.5\text{m} \times 3.7\text{m}$ 。

（4）污水与填料的接触时间 t ：

$$t = \frac{nfh}{Q}$$

式中　t——污水在填料层内的接触时间。

则计算得废水和滤料的接触时间为 $t = \dfrac{4 \times 16.75 \times 3}{50} = 4.02\text{h}$ 。

（5）接触氧化池的高度 H ：

$$H = h + h_1 + h_2 + (m - 1)h_3 + h_4$$

式中　H——接触氧化池的总高度，m；

h——填料层高度，m，取 3.0m；

h_1——池体超高，m，取 0.5m；

h_2——填料上部的稳定水层深，m，取 0.5m；

h_3——填料层间隙高度，m，取 0.2m；

m——填料层数，取为 3 层；

h_4——配水区高度，m，取 0.6m。

则 $H = 3 + 0.5 + 0.5 + (3 - 1) \times 0.2 + 0.6 = 5\text{m}$ 。

（6）供气装置：

1）空气量 D 。设污水需气量 $D_0 = 10\text{m}^3/\text{m}^3$ 。则需要的空气总量为 $D = D_0 Q = 10 \times 50 = 500\text{m}^3/\text{h} = 8.33\text{m}^3/\text{min}$ 。

2）曝气强度。$d_气 = \dfrac{D}{A} = \dfrac{500}{67} = 7.46\text{m}^2/\text{h}$ 。

设计采用微孔曝气头，每个曝气头的曝气量为 2.5m³/h，则曝气头的数量为 $n = \dfrac{D}{2.5} = \dfrac{500}{2.5} = 200$ 个。

3）鼓风机设置：本设计中接触氧化池所需要提供的风量为 8.33m³/min，设置供气压力为 4.0mH₂O。则设置选用型号为 BK5006 的三叶罗茨风机两台。一备一用。该鼓风机的性能参数见表 7-10。

表 7-10　BK5006 性能参数

排风口径/m	转速/r·min⁻¹	吸入口风量/m³·min⁻¹	功率/kW
100	1600	8.45	8.19

（7）排泥管设置：$W = 1200 \times 0.25 \times 0.115 \times 0.8 = 27.6\text{kgMLSS/d}$ ，又 $\dfrac{\text{VSS}}{\text{SS}} = 0.8$ ；则 $\Delta X = \dfrac{27.6}{0.8} = 34.5\text{kgSS/d}$ 。根据上述计算所得，选用 $DN200\text{mm}$ 排泥管，采用重力排泥。

（8）布水系统：采用导流廊道进水，设置进水速度 $v_0 = 0.5\text{m/s}$ ，则进水管的管径 D 为：

$$D = \sqrt{\frac{4Q}{\pi v_0}} = \sqrt{\frac{4 \times 0.014}{3.14 \times 0.5}} = 189\text{mm}$$

则根据需求，选择 $DN200mm$ 的进水管，则实际流速为 $v = 0.45m/s$。

廊道尺寸设计：接触氧化池每格具有一个导流廊道，设置其尺寸为：长为 4.5m，宽为 0.6m，导流墙的高度为 4.5m，距离池底 0.5m。

（9）出水系统：四格反应器采用出水孔进行推流式过水，每格设置 3 个过水孔，设出水孔流速为 $v_1 = 0.2m/s$。则过水孔面积为 $S_0 = \dfrac{Q}{v_1} = \dfrac{50}{3600 \times 0.2} = 0.069m^2$。设计过水孔的充满度为 0.6，则实际的过水孔面积为：$S = \dfrac{S_0}{0.6} = \dfrac{0.069}{0.6} = 0.115m^2$。设孔宽 0.2m，则孔高为 $h = \dfrac{S}{n \times 0.2} = \dfrac{0.115}{3 \times 0.2} = 0.19m$，取 0.2m。各个孔中心的距离设置为 1.2m。

第四格末尾设置出水渠，设出水流速为 0.2m/s，出水渠的坡度为 0.01。则出水渠的尺寸设置为宽 0.4m，高 0.3m。

（六）二沉池

1. 设计参数

（1）设沉淀时间约为 3h；水利表面负荷 $q = 1m^3/(m^2 \cdot h)$。

（2）水质情况见表 7-11。

表 7-11　进出水水质情况

项　目	进水浓度/mg·L^{-1}	出水浓度/mg·L^{-1}	去除率/%
SS	61.16	≤20	67.3

2. 设计计算

（1）二沉池表面积：

$$A = \frac{Q_{\max}}{q}$$

水利表面负荷 $q = 1.5m^3/(m^2 \cdot h)$，则表面积 A 为：

$$A = \frac{50}{1.5} = 33.33m^2$$

设置辐流式沉淀池一座，则沉淀池的直径 D 为：

$$D = \sqrt{\frac{4A}{\pi}} = \sqrt{\frac{4 \times 33.33}{3.14}} \approx 6.5m$$

（2）沉淀区有效水深 h_2：

$$h_2 = qt$$

取 $t = 2h$，则有效水深为：

$$h_2 = 2 \times 1.5 = 3m$$

（3）污泥区的容积：

$$W = \frac{Q_{\max} \times 24(C_0 - C_1) \times 100}{\gamma(100 - p_0)}t$$

式中　C_0, C_1——进水和沉淀出水的悬浮物浓度，kg/m^3；

　　　　p_0——污泥含水率，%；

γ——污泥容重，kg/m^3，因为污泥主要成分是有机物，含水率一般在95%以上，所以可取值在$1000kg/m^3$；

t——两次排泥时间间隔，取值为4h。

则污泥区容积为：

$$W = \frac{1200 \times (61.16 - 20) \times 10^{-3} \times 100}{1000 \times (100 - 95)} \times 4 = 3.95 m^3$$

（4）池子总高度H：取沉淀池超高$h_1 = 0.3m$，缓冲层高度$h_3 = 0.5m$。

污泥层高h_4：设池底的径向坡度为$i = 0.05$，污泥斗上部直径D_1为2m，污泥斗底部直径D_2为1.5m，倾角为$\alpha = 60°$。则污泥斗高度h'_4为

$$h'_4 = \frac{D_1 - D_2}{2} \times \tan 60° = \frac{2 - 1.5}{2} \times \tan 60° = 0.43m$$

该部分体积为

$$V_1 = \frac{\pi h'_4}{12} \times (D_1^2 + D_1 D_2 + D_2^2)$$

$$= \frac{3.14 \times 0.43}{12} \times (2^2 + 2 \times 1.5 + 1.5^2) = 1.04 m^3$$

污泥斗顶部圆锥体高度h''_4为

$$h''_4 = \frac{D - D_1}{2} \times 0.05 = \frac{6.5 - 2}{2} \times 0.05 = 0.11m，取0.2m$$

该部分体积为

$$V_1 = \frac{\pi h''_4}{12} \times (D^2 + D_1 D + D_1^2)$$

$$= \frac{3.14 \times 0.11}{12} \times (6.5^2 + 2 \times 6.5 + 2^2) = 1.71 m^3$$

该部分污泥体积为$V_3 = W - V_1 - V_2 = 3.95 - 1.04 - 1.71 = 1.23 m^3$

竖直圆柱体中污泥高度h'''_4为

$$h'''_4 = \frac{V_3}{A} = \frac{1.23}{33.33} = 0.04m$$

则总高度H为

$$H = h_1 + h_2 + h_3 + h_4 = h_1 + h_2 + h_3 + h'_4 + h''_4 + h'''_4$$

$$H = 0.3 + 3 + 0.5 + 0.58 \approx 4.4m$$

（七）污泥浓缩池

1. 设计参数

（1）各个池子的污泥量为

UASB反应器：82.67kg MLSS/d，即$4.13m^3/d$；

接触氧化池：27.6kg MLSS/d，即$1.38m^3/d$；

二沉池：$3.95m^3/d$；

则设置污泥量一共为$9.46m^3/d$，设置为$10m^3/d$。

（2）设立一座污泥浓缩池，浓缩时间为15h；浓缩池不设置刮泥机，设定污泥斗斜壁与水平面所成角度为60°。

（3）连续式重力浓缩池构筑物草图见图7-15。

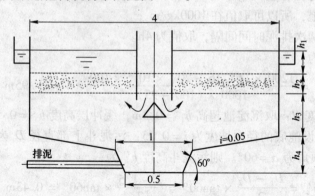

图7-15　连续式重力浓缩池构筑物草图

2. 设计计算

（1）浓缩池面积 A：

$$A = \frac{QC}{M}$$

式中　C——流入浓缩池的剩余污泥浓度，kg/s，本设计取 1kg/m³；

　　　Q——二沉池流入剩余污泥流量，m³/h；

　　　M——固体通量，kg/(m²·h)，一般采用 1~2kg/(m²·h)，取 1.0。

则：

$$A = \frac{10 \times 1}{1} = 10\text{m}^2$$

（2）浓缩池直径 D

$$D = 2\sqrt{\frac{A}{\pi}} = 2 \times \sqrt{\frac{10}{\pi}} = 3.6\text{m}，取 D = 4\text{m}$$

（3）浓缩池工作部分高度 h_1：设浓缩时间 $T = 15\text{h}$，则

$$h_1 = \frac{TQ}{24A}$$

$$h_1 = \frac{15 \times 10}{24 \times 10} = 0.6\text{m}，取 h_1 = 1\text{m}$$

（4）污泥浓缩池总高度 H_1：

$$H_1 = h_1 + h_2 + h_3$$

式中　h_2——超高，一般取 0.3~0.5m；

　　　h_3——缓冲高度，一般取 0.3~0.5m。

设置 h_2、h_3 为 0.5m，则计算得总高度为 $H_1 = 1 + 0.5 + 0.5 = 2\text{m}$。

则污泥浓缩池的体积为 $V = AH_1 = 10 \times 2 = 20\text{m}^3$。

（5）池底坡降：设置池底坡 1/20，池底污泥斗上底直径 D_1 为 1m，下底直径 D_2 为 0.5m，则池底坡降为 $h_4 = \left(\frac{D}{2} - \frac{D_1}{2}\right) \times \frac{1}{20} = \left(\frac{4}{2} - \frac{1}{2}\right) \times \frac{1}{20} \approx 0.1\text{m}$

污泥斗高度为 $h_5 = \left(\dfrac{D_1}{2} - \dfrac{D_2}{2}\right) \times \tan 60° = \left(\dfrac{1}{2} - \dfrac{0.5}{2}\right) \times \tan 60° = 0.43\text{m}$。

（八）污泥干化池

根据每日污泥量，设定污泥干化池的有效容积为 6m^3，尺寸的设定为 $L \times B \times H = 1.5 \times 1 \times 2$。

四、投资概算

（一）工程直接费用

$$\text{工程直接费用} = \text{土建工程费} + \text{设备费用}$$

则，工程直接费 $= 61.49 + 11.54 + 4.934 = 77.964$ 万元。

（二）运行费用

（1）每日的电费为：$(3 \times 24 + 11 \times 24 + 3 \times 8) \times 0.9 \times 0.6$ 元/度 $= 195$ 元，则，吨水处理电费为 195 元/$1200\text{m}^3 = 0.163$ 元/m^3。

（2）人工费：污水处理站需设一个岗位。由于自控技术的应用，可以使污水处理站基本实现傻瓜式管理，操作工人劳动强度低。设计每人的工资为每月 2000 元，则该部分人工费为 2000 元。

（3）药剂费：投药量因生产原因具有不确定性，且投药概率和投加量都比较小，不计入日常运行费用。

（4）运行费：运行费 = 人工费 + 药剂费 + 电费，则该部分费用为每月 0.785 万元。

案例四　某污水处理厂工艺设计

一、工程概况

南宁市某污水处理厂是南宁市第一座现代化城市生活污水集中处理厂，一期工程设计二级污水处理能力 10 万立方米/天，是南宁市重点工程之一。南宁市某污水处理厂采用二级生物处理工艺的传统活性污泥法，并针对南宁市污水污染负荷较低的特点，在其核心部分曝气池的工艺中采用 OOC 工艺，具有节约能耗、运行费用低、出水水质好、管理简便、运行稳定等优点。

根据南宁市城市近期建设规划，南宁市某污水处理厂一期工程设计二级污水处理能力 10 万立方米/天，本设计采用二级污水处理，设计规模为 10 万吨/天，日变化系数为 1.14，总变化系数为 1.3。

流量计算如下：

变化系数取日变化系数 $K = 1.14$；

设计废水水量及处理规模：$Q = 100000 \times 1.14 = 114000\text{m}^3/\text{d}$；

平均时设计流量：$Q = 4750\text{m}^3/\text{h}$；

最大瞬时设计水量：$Q_{\max} = 4750 \times 1.14 = 5415\text{m}^3/\text{h}$。

二、工艺流程图

经综合考虑各个方面的因素，本设计所确定的处理工艺流程如图 7-16 所示。

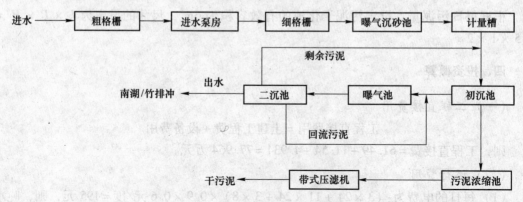

图 7-16　污水处理工艺流程图

首先进行预处理，在进水泵房经过粗格栅，去除污水中较大的垃圾、漂浮物，通过几台大型污水泵将污水提升到细格栅，再将较小的漂浮物去除，经过粗、细两道格栅去除大部分的固体漂浮物后在曝气沉砂池进行隔油、沉沙处理，去除污水中的砂粒和油类，然后进入计量槽，计量污水处理量。

预处理后的污水在初沉池进行一级处理，一级处理由两个初次沉淀池组成，为了尽量减少污水在生物处理前的负荷，OOC 系统设置了初次沉淀池，有机物去除率常年保持在30% 左右；初沉池出水进入二级处理，先在生物处理工艺的核心部分——曝气池，进行生物降解有机物，曝气池的混合液输送到二沉池进行沉淀，泥水分离，上层澄清液作为净化后的清洁排放水，沉淀下来的污泥一部分回流曝气池后再生利用，一部分作为剩余污泥回流到初沉池。

随着水处理产生的污泥，从初沉池用泵输送到污泥浓缩池。污泥浓缩目的在于减少污泥颗粒间的空隙水以减少污泥体积。进一步浓缩后，通过污泥处理系统（带式压滤机），把泥浆态的污泥脱水、压滤，形成干污泥饼。

三、主要构筑物工艺设计与说明

（一）格栅的设计

本设计采用两道格栅，前一个为粗格栅，后一个为细格栅。

1. 粗格栅的设计

A　设计参数

设计流量：Q_{max} = 100000m³/d = 1.32m³/s；

格栅倾角：$\alpha = 45°$；

格栅间隙净宽：$d = 50$mm；

单位栅渣量：0.03m³栅渣/10³m³污水。

B　设计计算

图 7-17 所示为格栅池计算示意图。

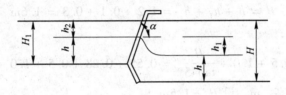

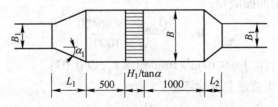

图 7-17　格栅池计算示意图

（1）栅条间隙数 n：设栅前水深 $h=1.2\mathrm{m}$，污水流经速度 $v=1\mathrm{m/s}$，则

$$n = \frac{Q_{\max}\sqrt{\sin\alpha}}{dhv} = \frac{1.32\times\sqrt{\sin 45°}}{0.05\times 1.2\times 1} \approx 18 \quad （\text{取 18 个}）$$

（2）栅槽宽度 B：取栅条宽度 $S=10\mathrm{mm}$，则

$$B = S(n-1)+dn = 0.01\times(18-1)+0.05\times 18 = 1.1\mathrm{m}$$

若进水渠宽 $B_1=0.7\mathrm{m}$，渐宽部分展开角取 $\alpha_1=20°$，此时进水渠道内的流速为

$$v = \frac{Q_{\max}}{B_1 h} = \frac{1.32}{0.7\times 1.2} = 1.57\mathrm{m/s}$$

进水渠道渐宽部分长度为

$$l_1 = \frac{B-B_1}{2\tan\alpha_1} = \frac{1.1-0.7}{2\times\tan 20°} \approx 0.55\mathrm{m}$$

栅槽与出水渠道连接处的渐窄部分长度为

$$l_2 = \frac{l_1}{2} = \frac{0.55}{2} \approx 0.28\mathrm{m}$$

（3）水流通过格栅的水头损失：

$$\sum h = k\xi\frac{v^2}{2g}\sin\alpha$$

式中　$\sum h$——过栅水头损失，m；

　　　　k——格栅受污染物堵塞后水头损失增大倍数，因栅条为矩形断面，取 $k=3$；

　　　　ξ——阻力系数，本设计格栅采用锐边矩形断面时，$\xi = \beta\left(\dfrac{s}{e}\right)^{\frac{4}{3}}$，$\beta=2.42$。

故

$$\sum h = 3\times 2.42\times\left(\frac{0.01}{0.02}\right)^{\frac{4}{3}}\times\frac{1^2}{2\times 9.81}\times\sin 45° = 0.10\mathrm{m}$$

介于 $0.08\sim 0.15$ 之间，符合要求。

（4）栅后槽总高度：取栅前渠道超高 $h_2=0.3\mathrm{m}$，栅前槽高为

$$H_1 = h+h_2 = 1.2+0.3 = 1.5\mathrm{m}$$

$$H = h + h_1 + h_2 = 1.2 + 0.1 + 0.3 = 1.6\text{m}$$

（5）栅槽总长度：

$$L = l_1 + l_2 + 0.5 + 1.0 + \frac{H_1}{\tan45°} = 0.55 + 0.28 + 0.5 + 1.0 + 1.5 = 3.83\text{m}$$

式中　H_1——栅前槽高，m，设 $H_1 = 1.5\text{m}$。

（6）格栅每日产生的栅渣量：

$$W_1 = \frac{Q_{\max}W_1 \times 86400}{K_z \times 1000}$$

式中　W_1——栅渣量（$0.1 \sim 0.01\text{m}^3/10\text{m}^3$污水），取0.03；

　　　K_z——生活污水流量总变化系数。

$$K_z = \frac{Q_{设}}{Q_{平}} = 1.3$$

则

$$W = \frac{1.32 \times 0.03 \times 86400}{1.3 \times 1000} = 3.5\text{m}^3/\text{d} > 0.2\text{m}^3/\text{d}$$

所以，采用机械清渣。

格栅间配套设备：格栅间与进水泵房合建，根据格栅设计参数，本设计选用回转式格栅除污机。电动机功率1.5kW两台（1用1备）。每台格栅各安装了1台超声波液位差计，用以实现格栅根据前后液位差进行自动运行。

进水泵房配套设备：提升水泵，8台（6用2备）。提升水泵由超声波液位计进行控制，浮球液位开关作为超声波液位计失灵时的低液位停泵保护。

2. 细格栅的设计

A　设计参数

设计流量：$Q_{\max} = 100000\text{m}^3/\text{d} = 1.32\text{m}^3/\text{s}$；

格栅倾角：$\alpha = 45°$；

格栅间隙净宽：$d = 10\text{mm}$；

单位栅渣量：0.09m^3栅渣$/10^3\text{m}^3$污水。

B　设计计算

（1）栅条间隙数 n：设栅前水深 $h = 1.8\text{m}$，污水流经速度 $v = 1\text{m/s}$，

$$n = \frac{Q_{\max}\sqrt{\sin\alpha}}{dhv} = \frac{1.32 \times \sqrt{\sin45°}}{0.01 \times 1.8 \times 1} \approx 62，取62个$$

（2）栅槽宽度 B：取栅条宽度 $S = 10\text{mm}$，则

$$B = S(n-1) + dn = 0.01 \times (62-1) + 0.01 \times 62 = 1.23\text{m}$$

若进水渠宽 $B_1 = 0.7\text{m}$，渐宽部分展开角取 $\alpha_1 = 20°$，此时进水渠道内的流速为

$$v = \frac{Q_{\max}}{B_1 h} = \frac{1.32}{0.7 \times 1.8} = 1.05\text{m/s}$$

进水渠道渐宽部分长度：

$$l_1 = \frac{B - B_1}{2\tan\alpha_1} = \frac{1.23 - 0.7}{2 \times \tan20°} \approx 0.12\text{m}$$

栅槽与出水渠道连接处的渐窄部分长度：

$$l_2 = \frac{l_1}{2} = \frac{0.12}{2} \approx 0.06\text{m}$$

（3）水流通过格栅的水头损失：

$$\sum h = k\xi \frac{v^2}{2g}\sin\alpha$$

式中　$\sum h$ ——过栅水头损失，m；

k ——格栅受污染物堵塞后水头损失增大倍数，因栅条为矩形断面，取 $k = 3$；

ξ ——阻力系数，本设计格栅采用锐边矩形断面时，$\xi = \beta\left(\dfrac{s}{e}\right)^{\frac{4}{3}}$，$\beta = 2.42$。

故

$$\sum h = 3 \times 2.42 \times \left(\frac{0.01}{0.02}\right)^{\frac{4}{3}} \times \frac{1^2}{2 \times 9.81} \times \sin45° = 0.10\text{m}$$

介于 $0.08 \sim 0.15$ 之间，符合要求。

（4）栅后槽总高度：取栅前渠道超高 $h_2 = 0.3\text{m}$，栅前槽高为 H_1，则

$$H_1 = h + h_2 = 1.8 + 0.3 = 2.1\text{m}$$

$$H = h + h_1 + h_2 = 1.8 + 0.1 + 0.3 = 2.2\text{m}$$

（5）栅槽总长度：

$$L = l_1 + l_2 + 0.5 + 1.0 + \frac{H_1}{\tan45°} = 0.12 + 0.06 + 0.5 + 1.0 + 2.1 = 3.8\text{m}$$

式中　H_1 ——栅前槽高，m，设 $H_1 = 2.1\text{m}$。

（6）格栅每日产生的栅渣量：

$$W = \frac{Q_{\max}W_1 \times 86400}{K_Z \times 1000}$$

式中　W_1 ——栅渣量（$0.1 \sim 0.01\text{m}^3/10\text{m}^3$ 污水），取 0.09；

K_Z ——生活污水流量总变化系数。

$$K_Z = \frac{Q_{设}}{Q_{平}} = 1.3$$

则

$$W_2 = \frac{1.32 \times 0.09 \times 86400}{1.3 \times 1000} = 7.9\text{m}^3/\text{d}$$

$$W_2 - W_1 = 4.4 > 0.2\text{m}^3/\text{d}$$

所以，采用机械清渣。

根据格栅设计参数，除渣采用机械式格栅除污机。型号为：ZD-C 型配套设备：回转式格栅除污机 1.5kW 两台（1用1备）。细格栅由超声波液位差计根据前后液位差及时间进行自动控制运行。

（二）沉砂池的设计

图 7-8 所示为曝气沉砂池剖面示意图。沉砂池主体设计如下。

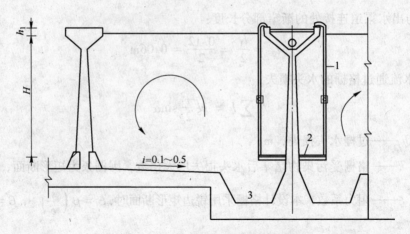

图 7-18　曝气沉砂池剖面示意图
1—压缩空气管；2—空气扩散板；3—集砂槽

（1）池子中总有效容积：

$$V = Q_{max} \times 60t$$

式中　Q_{max}——最大设计流量，取 $Q_{max} = 1.32\text{m}^3/\text{s}$；

　　　t——最大设计流量时的流行时间，一般为 1~3min，取 2min。

由此得

$$V = 1.32 \times 60 \times 2 = 159\text{m}^3$$

（2）水流断面积：

$$A = \frac{Q_{max}}{v_1}$$

式中　v_1——水流流速，m/s，$v_1 = 0.06 \sim 0.12\text{m/s}$，取 0.1m/s。

得

$$A = \frac{1.32}{0.1} = 13.2\text{m}^2，\text{取}\ 14\text{m}^2$$

（3）池总宽度：

$$B = \frac{A}{h_2}$$

式中　h_2——设计有效水深（2~3m），取 2.5m。

得

$$B = \frac{14}{2.5} = 5.6\text{m}$$

（4）每格池子宽度：设池子格数 $n = 2$ 格，并按照并联设计。当污水量较小时，可考虑一个工作，一个备用，得

$$b = \frac{B}{2} = \frac{5.6}{2} = 2.8\text{m}$$

宽深比

$$\frac{b}{h_2} = \frac{2.8}{2.5} = 1.13$$

介于 1.0 ~ 1.5 之间，符合要求。

（5）池总长度：

$$L = \frac{V}{A} = \frac{159}{14} \approx 11.4\text{m}$$

长宽比

$$\frac{L}{b} = \frac{11.4}{2.80} = 4.07 < 5$$

符合要求。

（6）每小时所需空气量：

$$q = 3600 d Q_{\max}$$

式中　d——每立方米污水所需曝气量，m^3/m^3，d 值为 0.1 ~ 0.2，取 0.2；

　　q——所需曝气量，m^3/h。

得

$$q = 3600 \times 0.2 \times 1.32 = 951\text{m}^3$$

采用压缩空气竖管连接穿孔管，管径 2.5 ~ 6.0mm，取 3mm。

（7）沉砂室所需容积：

城市污水的沉砂量可按 15 ~ 30$\text{m}^3/10^6\text{m}^3$ 计算，含水率为 60%，容重为 1500kg/m^3。

$$V = \frac{Q_{\max} X T \times 86400}{K_z \times 10^6}$$

式中　X——城市污水沉砂量，取 30$\text{m}^3/10^6\text{m}^3$ 污水；

　　T——清砂间隔时间，取 1 天；

　　K_z——生活污水流量总变化系数，$K_z = 1.3$。

得

$$V = \frac{1.32 \times 30 \times 1 \times 86400}{1.3 \times 10^6} = 2.63\text{m}^3，\text{取} 2.65\text{m}^3$$

（8）沉砂斗容积 V_0：设每一分格有两个沉砂斗，砂斗容积应按不大于两天的沉砂量计算，斗壁与水平面的倾角不小于 55°，得

$$V_0 = \frac{V}{2 \times 2} = \frac{2.65}{4} = 0.662\text{m}^3$$

（9）沉砂斗各部分尺寸：设斗底宽 $a = 0.7\text{m}$，斗壁与水平面成 55° 角，斗高 $h_3' = 0.6\text{m}$，则沉砂斗上口宽 a_1 为：

$$a_1 = \frac{2h_3'}{\tan 55°} + a_1 = 1.54\text{m}$$

沉砂斗容积：

$$V_1 = \frac{h_3'}{3}(a^2 + a a_1 + a_1^2) = \frac{0.6}{3} \times (0.7^2 + 0.7 \times 1.54 + 1.54^2) = 0.79\text{m}^3$$

$V_1 > V_0$，符合要求。

（10）沉砂室高度：设采用机械排砂，横向池底坡度为 0.1 坡向砂斗，则沉砂室高度 h_3 为：

$$h_3 = h'_3 + i\left(\frac{L - 2a - 0.2}{2}\right) = 0.6 + 0.1 \times (11.4 - 2 \times 1.54 - 0.2) \div 2 = 1.0\text{m}$$

（11）池体总高度（如图 7-19 所示）：设超高 $h_1 = 0.3\text{m}$，则

$$H = h_1 + h_2 + h_3 = 0.3 + 2.5 + 1 = 3.8\text{m}$$

（12）验算最小流速（$n = 1$ 格）：

$$v_{\min} = \frac{Q_{\min}}{nW_{\min}} = \frac{1.32 \div 2}{1 \times 2.7 \times 2.5} = 0.097\text{m/s} > 0.06\text{m/s}$$

符合要求。

（13）排砂设备采用两台排砂斗，就近布置，洗砂后外运。沉砂池底部的沉砂通过吸砂泵送至砂水分离器，脱水后的清洁砂外运，分离出来的水回流至泵房吸水井。配套设备：旋流除砂机 4 台、吸砂泵 2 台，单台流量 10L/s，曝气系统采用得利满钟罩式中气泡曝气器。

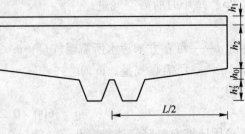

图 7-19　池体总高度示意图

（三）初沉池的设计

初沉池主体设计如下。

（1）沉淀部分水面面积：

$$F = \frac{Q_{\max}}{nq}$$

式中　$Q_{\max}$——污水处理厂设计流量，$Q_{\max} = 1.32\text{m}^3/\text{s}$；

　　　n——池数，$n = 2$；

　　　q——表面负荷，$2 \sim 3.6\text{m}^3/(\text{m}^3 \cdot \text{h})$，取 $q = 2.0\text{m}^3/(\text{m}^2 \cdot \text{h})$。

得

$$F = \frac{1.32 \times 3600}{2 \times 2} = 1188\text{m}^2$$

（2）池子直径：

$$D = \sqrt{\frac{4F}{\pi}} = \sqrt{\frac{4 \times 1188}{3.14}} = 38.9\text{m}$$

取 39m，$D > 20\text{m}$，采用机械排泥。

（3）沉淀池部分有效水深：

$$h_2 = qt$$

式中　t——沉淀时间，1.7h。

$$h_2 = 2.0 \times 1.7 = 3.4\text{m} < 4\text{m}$$

符合设计要求。

（4）沉淀部分有效容积：

$$V' = \frac{Q_{\max}}{n}t = \frac{1.32}{2} \times 1.6 \times 3600 = 3801.6\text{m}^3$$

（5）沉淀部分所需容积：初次沉淀池的污泥区容积宜按不大于两天的污泥量计算，并

应设有连续排泥措施，机械排泥的初次沉淀池污泥区容积宜按 4h 的污泥量计算。

$$V = \frac{SNT}{1000 \times n \times 24}$$

式中　S——每人每日污泥量，$0.3 \sim 0.8$ 升/（人·天），取 0.5；

　　　N——设计人口数，$N = 343000$ 人；

　　　T——两次清泥时间间隔，$T = 4h$。

得

$$V = \frac{0.5 \times 343000 \times 4}{1000 \times 2 \times 24} = 14.3m^3$$

（6）污泥斗容积：每个泥斗应设有单独的闸阀和排泥管。

$$V_1 = \frac{\pi h_5}{3}(r_1^2 + r_1 r_2 + r_2^2)$$

式中　h_5——污泥斗高度，m，$h_5 = (r_1 - r_2)\tan\alpha$；

　　　α——污泥斗倾角，（°），取 $60°$；

　　　r_1——污泥斗上半部半径，m，取 $1.0m$；

　　　r_2——污泥斗下半部半径，m，取 $2.0m$。

$$V_1 = \frac{3.14 \times 1.73}{3} \times (1 + 2 + 4) = 12.7m^3$$

（7）污泥斗以上圆锥部分污泥容积：设池底坡向污泥斗的坡度为 0.05，则坡地落差

$$h_4 = (R - r_1) \times 0.05 = \left(\frac{39}{2} - 1\right) \times 0.05 = 0.87m$$

池底可储存污泥体积

$$V_2 = \frac{\pi h_4}{3}(R^2 + r_1^2 + Rr_1)$$

式中　R——沉淀池直径，m，取 $39m$。

$$V_2 = \frac{3.14 \times 0.87}{3} \times (19.5^2 + 2^2 + 39) = 385.41m^3$$

（8）污泥总容积：

$$V = V_1 + V_2 = 12.7 + 385.4 = 398.1m^3$$

本设计的污泥总容积大于 $14.3m^3$，符合要求。

（9）沉淀池总高度：

$$H = h_1 + h_2 + h_3 + h_4 + h_5$$

式中　h_1——超高，m，取 $0.3m$；

　　　h_3——缓冲层高，m，取 $0.4m$。

$$H = 0.3 + 3.4 + 0.4 + 0.87 + 1.73 = 6.7m$$

池边高度

$$H' = h_1 + h_2 + h_3 = 4.1m$$

（10）径深比校核：

$$\frac{D}{h_2} = \frac{39}{3.4} = 11.5$$

介于 6~12 之间，符合要求。

（11）排泥设计：由于池径较大，故采用周边传动的刮泥机，其传动装置设在桁架外缘，外周刮泥机线速度不超过 3m/min，本设计采用 2m/min，则刮泥机转速为：

$$n = \frac{v}{\pi D} = \frac{2}{3.14 \times 39} = 0.01633\,\text{rad/min} = 1.0\,\text{rad/h}$$

池底接 200mm 排泥管，连续排泥。

（12）浮渣收集：浮渣用浮渣刮板收集，设一浮渣箱定期清渣，刮渣板装在刮泥桁架的一侧，高出水面 0.15m，在出水堰前设置浮渣挡板、排渣管 200mm，渣井设有格栅截流，一周刮两次。出渣箱尺寸为 300mm × 500mm。

（13）其他管路设计：超越管线用集配水井中的超越阀门代替，集配水井尺寸：内径 4mm，外径 6mm，放空管 6mm。

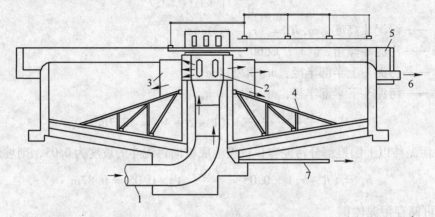

图 7-20 中心进水辐流式沉淀池示意图

1—进水管；2—中心管；3—穿孔挡板；4—刮泥机；5—出水槽；6—出水管；7—出泥管

配套设备：池上安装了功率 1.5kW 的周边传动式刮泥机，上装刮渣装置，清除池面浮渣。每个初沉池还配装两台流量 40m³/h，功率 3kW 的污泥泵，将剩余污泥和初沉池沉淀的污泥输运至浓缩池，每个初沉池污泥泵井安装 1 台超声波液位计测量，控制初沉池污泥泵根据液位运行。

（四）曝气池的设计

内圈为好氧区，曝气强度大，氧得到充分利用，需布置曝气头，不需搅拌器；外圈为局部曝气，好氧/缺氧交替运行，将曝气池中混合搅拌与曝气分开，采用水下螺旋桨推进器进行搅拌以避免曝气量不足时产生沉淀。利用缺氧状态可使混合液发生反硝化，从而降低氧的消耗并改善污泥沉降性能。

（1）OOC 反应器好氧区的体积：硝化菌最大比增殖速率为

$$\mu_{\text{N,max}} = 0.47 e^{0.098(T-15)}$$

硝化菌比增长速率为

$$\mu_{\text{N}} = \mu_{\text{N,max}} \frac{N}{K_{\text{N}} + N}$$

式中 K_{N}——硝化菌氧化饱和常数，取 1.0mg/L；

        N——硝化出水的氨氮浓度，mg/L。

最小污泥龄为

$$\theta_{\min} = \frac{1}{\mu_N}$$

设计污泥龄为

$$\theta_C = D_F \theta_{\min}$$

式中 D_F ——设计因数，一般为 1.5 ~ 3.0，本文取 2.5。

污泥龄是根据理论同时参照经验确定，要使 BOD 降解彻底，同时还要生物脱氮，污泥龄不能过短。污泥龄核算公式为

$$\theta_C = \frac{X}{YL_r}$$

式中 X ——混合液挥发性悬浮固体的浓度，$kgVSS/m^3$；

Y ——污泥产率系数，$Y = 0.5 ~ 0.67 kgVSS/kgBOD_5$，本文取 0.6；

L_r ——BOD 去除量，mg/L。

有机底物利用比速率为

$$q = \frac{\frac{1}{\theta_C} + K_d}{Y}$$

式中 K_d ——异氧微生物内源衰减系数，一般可取 $0.05d^{-1}$。

好氧区的水力停留时间为

$$t = \frac{L_o - L_e}{qX}$$

式中 X ——好氧池中微生物浓度 $mgVSS/L$。

得出好氧区的体积 V_1 为

$$V_1 = Qt = \frac{YQ(L_o - L_e)}{\left(\frac{1}{\theta_C} + K_d\right)X}$$

（2）OOC 反应器缺氧区的体积：T 温度时的反硝化速率为

$$\left(\frac{d_N}{d_t}\right)_{DN} = \left(0.3\frac{F}{M} + 0.029\right)\theta^{T-20}$$

式中 θ ——温度系数，一般范围 1.09 ~ 1.15，本文取 1.1；

$\frac{F}{M}$ ——污泥负荷，$kgBOD_5/(kgMLVSS \cdot d)$；

$\left(\frac{d_N}{d_t}\right)_{DN}$ ——反硝化速率，$mgNO_X^- —X/mgMLVSS \cdot d$。

反硝化率为

$$\eta = \frac{TN - TN_{出}}{TN}$$

式中 TN ——进水总氮；

$TN_{出}$ ——出水总氮。

硝酸盐氮去除量为

$$N_e - N_o = TN\eta$$

缺氧区的体积为

$$V_2 = \frac{Q(N_e - N_o)}{\left(\dfrac{d_N}{d_t}\right)_{DN} X} = \frac{QTN\eta}{(0.3N_s + 0.029)\theta^{T-20}X}$$

式中　　Q——反硝化池废水设计流量，OOC反应器是完全混合式，所以Q是全池的设计流量，m^3/d；

$N_e - N_o$——硝酸盐氮去除量，mg/L；

X——反硝化池中反硝化菌的浓度，mgMLVSS/L。

（3）OOC反应器的外环水流循环倍数与反硝化率的关系：OOC反应器总体积V为

$$V = V_1 + V_2 = \frac{YQ(L_o - L_e)}{\left(\dfrac{1}{\theta_C} + K_d\right)X} + \frac{QTN\eta}{(0.3N_s + 0.029)\theta^{T-20}X}$$

L_o、L_e、Q、T、θ_C、X、N_s对于城市污水来说是可以确定的。污泥产率系数Y和温度常数θ及异氧微生物内源衰减系数K_d也可根据经验值确定，所以OOC反应器总体积是由$TN\eta$决定的。

总水力停留时间T为

$$T = \frac{V}{Q} = \frac{Q(L_o - L_e)}{\dfrac{1}{\theta_C} + K_d} + \frac{TN\eta}{(0.3N_s + 0.029)\theta^{T-20}X}$$

外圈水流完成一个循环所需的时间t为

$$t = \frac{bhL}{(1 + n)Q}$$

式中，OOC反应器的外圈具有氧化沟循环流的特征，进水流量为Q，氧化沟的断面为矩形，有效水深为h，宽为b，总长为L，n为循环倍数。

$$b = R_2 - R_1$$

式中　R_1——内圈半径；

R_2——外圈半径。

$$L = 2\pi \frac{R_1 + R_2}{2}$$

外圈的水力停留时间为

$$T_1 = \frac{bhL}{Q}$$

总的水力停留时间为

$$T = \frac{Q(L_o - L_e)}{\dfrac{1}{\theta_C} + K_d} + \frac{TN\eta}{(0.3N_s + 0.029)\theta^{T-20}X}$$

$$= T_1 \frac{R_2^2}{R_2^2 - R_1^2}$$

$$= (1 + n)t \frac{R_2^2}{R_2^2 - R_1^2}$$

可见，反硝化率与循环倍数 n 是正相关的。

本污水处理厂采用 OOC 工艺处理技术，最大设计流量为 10 万立方米/天。设计有 3 组生化反应器，每组设计流量为 33333m³/d。设计最低温度 15℃，OOC 的进水 BOD_5 为 150mg/L，出水 BOD_5 为 20mg/L，进水总氮 40mg/L，污泥负荷 0.31kg BOD_5/(kgMLVSS·d)。

活性污泥的浓度为 2.1kgMLSS/m³，根据城镇污水处理厂污染物排放标准一级标准，出水总氮为 8mg/L，DO 为 2.0mg/L。

总的好氧区体积 V_1 为 17340m³，计算得缺氧区体积 V_2 为 9579m³。OOC 外圈是好氧缺氧交替（A/O），$V_好/V_缺 = 1$，外圈好氧区体积 V_3 为 9579m³，内圈好氧区体积为 7761m³，反应器总体积为 26919m³。选择鼓风机风压 5m，有效水深 h 为 4m，则 R_1 为 25m，R_2 为 46m。

当外环水流速度取 0.3m/s 时，根据 $t = L/v$，t 为 0.009d，再算得 $n = 64$，最后得 $\eta = 87.2\% > 80\%$。通过对 η 的核算可知关于 OOC 工艺的设计计算公式是合理正确的。

内圈好氧区单池面积 1940m²，布置曝气头 2000 个，合 1.0 个/m²；外圈单池好氧部分的面积 2395m²，布置曝气头 2000 个，合 0.8 个/m²。

配备设备为曝气池采用 1 台气量 3500m³/h，压力 0.078MPa 的双速罗茨鼓风机进行曝气，鼓风机运行时的电机功率 55kW，鼓风机还配有隔音罩和过滤系统。曝气系统采用得利满的盘式橡胶膜微孔曝气器。

（五）二沉池的设计计算

本设计采用机械吸泥的向心式辐流沉淀池，进水采用周边进水周边出水。

（1）沉淀池面积：

$$F = \frac{Q_{max}}{nq'} = \frac{1.32 \times 3600}{4 \times 1.5} = 792m^2$$

式中　Q_{max}——污水最大时流量；

　　　q'——表面负荷，取 1.5m³/(m²·h)；

　　　n——沉淀池个数，取 4 个。

池子直径为

$$D = \sqrt{\frac{4F}{\pi}} = \sqrt{\frac{4 \times 792}{3.14}} = 31.7m，取 32m$$

（2）有效水深：

$$H = q't$$

式中　t——沉淀时间，取 2h。

$$H = 1.5 \times 2.0 = 3.0m = h_2$$

（3）排泥设计：若采用间歇排泥，根据《给排水手册》第五册 276 页，公式按贮泥时间不小于 2h 计，则二沉池污泥容积为：

$$V = \frac{4(1 + R)QX}{X + X_r} = \frac{4(1 + R)RQ}{1 + 2R}$$

式中　Q——污水设计流量，$Q = 1.32 \times 3600 = 4752m^3/h$；

R——污泥回流比，取100%；

X——混合液污泥浓度，$X = 2307.7\text{mg/L}$；

X_r——回流污泥浓度，

$$X_r = \left(1 + \frac{1}{R}\right)X = \left(1 + \frac{1}{1}\right) \times 2307.7 = 4615.4\text{mg/L}$$

得出

$$V = \frac{4 \times (1 + 1) \times 4752 \times 0.3}{1 + 2 \times 1} = 3801.6\text{m}^3$$

则每池污泥体积

$$V' = \frac{V}{4} = \frac{3801.6}{4} = 950.4\text{m}^3$$

由于污泥容积较大，无法设计污泥斗去容纳污泥，所以设计中采用机械吸泥机连续排泥，既是设计污泥斗存泥，也只按结构要求设计池底坡度为0.05，及一个放空时用的污泥斗。

设$r_1 = 0.5\text{m}$，$r_2 = 1.0\text{m}$，$\alpha = 60°$，则

$$h_5 = (r_2 - r_1)\tan\alpha = (1.0 - 0.5) \times 1.732 = 0.87\text{m}$$

容积为

$$V_s = \frac{\pi h_5}{3}(r_1^2 + r_1 r_2 + r_2^2) = \frac{3.14 \times 0.87}{3} \times (0.25 + 0.5 + 1.0) = 1.59\text{m}^3$$

（4）二沉池高度：二沉池高度示意图如图7-21所示，取超高$h_1 = 0.3\text{m}$，缓冲层高度$h_3 = 0.4$。$h_4 = (R - r_2)i = (16 - 1.0) \times 0.05 = 0.75\text{m}$。

沉淀池周边有效水深为$H' = h_5 + h_2 + h_3 = 0.87 + 3.0 + 0.4 = 4.27\text{m}$。

则二沉池总高度为$H = h_1 + h_4 + H' = 0.3 + 0.75 + 4.27 = 5.32\text{m}$。

径深比为$\dfrac{D}{H} = \dfrac{32}{5.32} = 6.02$，$\dfrac{D}{H'} = \dfrac{32}{4.27} = 7.49$。介于6～12之间，满足要求。

池底接$DN400\text{mm}$的排泥管连续排泥。采用机械刮泥时，沉淀池缓冲层上缘应高于刮泥板0.3m。

图7-22所示为周边进水周边出水辐流式沉淀池示意图。配套设备如下：污泥回流泵，型号G32-65 功率4kW 4台（3用1备）。池上还安装了功率1.5kW的周边传动式的全桥刮泥机，全桥刮泥机上安装了虹吸装置和底部刮泥板，还安装刮渣装置，清除池面浮渣。

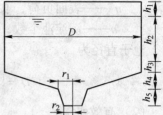

图7-21　二沉池高度示意图

（六）污泥处理构筑物的设计计算

污泥浓缩池（sludge thickening tank）设计：本设计采用竖流式连续运行的重力浓缩池，浓缩来自初沉池的污泥。池形如图7-23所示。浓缩前含水率为99.6%，浓缩后的含水率为97.3%，浓缩时间$t = 12\text{h}$，池数1个，浓缩部分上升流速为0.1mm/s。

（1）剩余污泥量的计算：为了使活性污泥处理系统的净化功能保持稳定，必须使系统

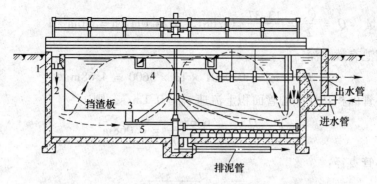

图 7-22 周边进水周边出水辐流式沉淀池示意图

1—流入槽；2—导流絮凝区；3—沉淀区；4—流出槽；5—污泥区

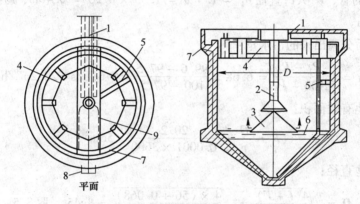

平面

图 7-23 竖流式连续重力浓缩池示意图

1—进水槽；2—中心管；3—反射板；4—挡板；5—排泥管；
6—缓冲层；7—集水槽；8—出水管；9—桥

中曝气池内的污泥浓度保持平衡。为此，每日必须从系统中排出一定数量的剩余污泥。剩余污泥量为

$$Q_S = \frac{\Delta X_T}{X_r} = \frac{\Delta X}{f X_r}$$

式中　Q_S——每日排放的剩余污泥量，即曝气池每日新产生的污泥量，m^3/d；

　　ΔX_T——挥发性剩余污泥量（干重），kg/d；

$$\Delta X = Y(S_a - S_e)Q - K_d V X_v$$

　　Y——产率系数，介于 $0.5 \sim 0.65$，取 0.6；

　　K_d——衰减系数，介于 $0.05 \sim 0.1$，取 0.07；

　　X_v——回流污泥浓度，kg/L。

得　$\Delta X = [0.6 \times (150 - 20) \times 1.32 \times 86400 - 0.07 \times 29160 \times 2.5] \div 10^3$

　　　$= 8664.8 kg/d$

则　$Q_S = \dfrac{8664.8 \times 10^3}{0.75 \times 10000} = 1155.3\ m^3/d = 13.37 L/s$

单池污泥量 $Q = \dfrac{Q_S}{2} = \dfrac{13.37}{2} = 6.68 \text{L/s} = 24.0 \text{m}^3/\text{h} = 576 \text{m}^3/\text{d}$

（2）浓缩池有效水深：

$$h_3 = vT = 0.0001 \times 13 \times 3600 = 4.68 \text{m}$$

（3）中心管面积：设中心管面积上流速 $v_{中} = 0.1 \text{m/s}$，则

$$f = \dfrac{Q}{v_{中}} = \dfrac{6.68}{0.1 \times 10^3} = 0.068 \text{m}^2$$

（4）中心管直径：

$$b = \sqrt{\dfrac{4f}{\pi}} = \sqrt{\dfrac{4 \times 0.068}{3.14}} = 0.29$$

取 300mm 的管，喇叭口直径 $b_1 = 1.35b = 1.35 \times 0.30 = 0.40 \text{m}$，喇叭口高度 $b_2 = 1.35b_1 = 0.55 \text{m}$。

（5）浓缩后分离出来的污水量：

$$q = Q \dfrac{P_1 - P_2}{100 - P_2} = 6.68 \times \dfrac{99.6 - 97.5}{100 - 97.5} = 5.61 \text{L/s} = 20.2 \text{m}^3/\text{h}$$

（6）浓缩池有效面积：

$$F = \dfrac{Q}{v} = \dfrac{20.2}{0.0001 \times 3600} = 56 \text{m}^2$$

（7）浓缩池直径：

$$D = \sqrt{\dfrac{4(f + F)}{\pi}} = \sqrt{\dfrac{4 \times (56 + 0.068)}{3.14}} = 8.45，取 8.5$$

（8）浓缩后剩余污泥量

$$Q_2 = Q \dfrac{100 - P_2}{100 - P_1} = 6.68 \times \dfrac{100 - 99.6}{100 - 97.5} = 1.07 \text{L/s} = 3.85 \text{m}^3/\text{h}$$

（9）浓缩池污泥斗容积：设污泥斗夹角 $\alpha = 50°$，斗底 $r_1 = 3.3 \text{m}$，$r_2 = 1.2 \text{m}$，则

$$h_6 = (r_2 - r_1)\tan 50° = (3.3 - 1.2) \times 1.19 = 2.50 \text{m}$$

$$V = \dfrac{\pi}{3}h_6(r_1^2 + r_1 r_2 + r_2^2) = \dfrac{3.14}{3} \times 2.50 \times (10.89 + 3.96 + 1.44) = 40.82 \text{m}^3$$

（10）污泥在泥斗中的停留时间

$$T = \dfrac{V}{Q_2} = \dfrac{40.82}{3.85} \approx 11 \text{h}$$

介于 10~16 之间，符合要求。

（11）池总高度：设超高 $h_1 = 0.3 \text{m}$，缓冲层高度 $h_4 = 0.4 \text{m}$，中心管与反射板缝隙 $h_2 = 0.5 \text{m}$，不设刮泥设备，池底与水中夹角设为 $50°$，故

$$h_5 = (R - r_1)\tan 50° = (4.225 - 3.3) \times 1.19 = 1.1 \text{m}$$

池高

$$H = h_1 + h_2 + h_3 + h_4 + h_5 + h_6 = 0.3 + 0.5 + 4.68 + 0.4 + 1.1 + 2.5 = 9.5 \text{m}$$

配套设备为带式压滤机，型号 DYQ1500，3kW 两台，浓缩搅拌耙 1 台，型号为 KWE-

12-2/2-S/O，电机功率 0.25kW。

四、经济效益

本处理系统采用中央自动化控制，因此需要的工人数量较少。污水处理成本主要是员工工资、污水处理电费、污水处理加药费用以及日常维修费四部分组成。直接运行费用为 $E_1 + E_2 + E_3 = 0.09 + 0.18 + 0.13 = 0.4$ 元/立方米，按南宁市政府《关于调整南宁市污水处理费征收标准》的通告，城镇居民污水处理费定为 0.5 元。由以上知直接运行费用为 0.4 元/立方米，而污水处理费每吨为 0.5 元，则处理 1t 废水所获经济效益为 0.1 元。则污水处理厂一天的经济效益为：$100000m^3/d \times 0.1$ 元/m^3 = 10000 元，则污水处理厂一年的经济效益为：10000 元 $\times 365 = 3650000$ 元。而本工程建设期预算耗资 3252.72 万元，由 3252.72 万元/（365 万元/年）≈ 9 年，则预计污水处理厂运行九年后就能收回建设成本，具有较好的经济效益。

案例五　医院废水处理设计

一、工程概况

某医院是一家大型综合性医院，该院地处江西省南昌市市区，距离赣江的直线距离为 250m 左右，医院正对一丁字路口，除道路两边外，其余地方大部分都为居民区。本院有包括肛肠科、肝病科等科室在内的门诊科，该院最大设计排水量为 $1000m^3/d$。处理后的污水经医院自建的排污管道直接排入赣江，该水域功能为三类水体。

该院最大日排水量为 $1000m^3/d$，小时平均排水量为 $41.7m^3/h$，时变化系数 $k_z = 2$，每小时最大排水量为 $83.3m^3/h$。

出水水质执行《医疗机构水污染物排放标准》（GB 18466—2005）中综合性医院及其他类型医院水污染物排放限值。[3]具体见表 7-12。

表 7-12　水质及排放标准

项　目	污　水　水　质	出水水质标准
pH 值	—	6 ~ 9
粪大肠菌群数（MPN/L）	1.1×10^4	500
肠道致病菌	—	不得检出
肠道病毒	—	不得检出
COD/mg · L^{-1}	230	60
BOD/mg · L^{-1}	105	20
SS/mg · L^{-1}	150	20
NH$_3$-N/mg · L^{-1}	40	15

二、工艺流程图

综上所述该医院污水决定选用 CASS + 二氧化氯消毒相结合的处理技术。具体流程如图 7-24 所示。

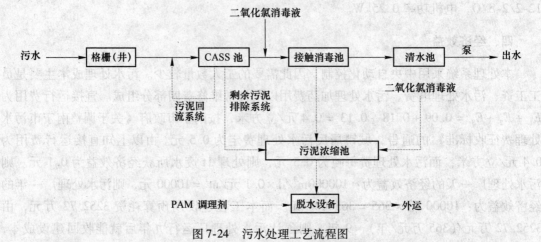

图 7-24　污水处理工艺流程图

各种废水经过简单的预处理后、放射性废水经过衰变池处理后和生活污水汇合在一起，通过管道输送首先流经格栅，格栅能部分截留较大粒径的悬浮物和漂浮物。通过格栅处理后，污水直接流入 CASS 池，在 CASS 池内进行生化处理后，COD、BOD、SS、氨、氮等主要污水指标都能达到排放标准。通过 CASS 池处理后，污水流入接触消毒池，在接触消毒池里消毒之后，粪大肠菌群等生物学指标也达到排放标准。通过污水提升泵，把完全达到排放标准的污水通过管道输送排入受纳水体。

三、主要构筑物设计计算

（一）格栅（井）

1. 格栅（井）设计参数

该院最大日排水量为 $1000\text{m}^3/\text{d}$，时变化系数 $k_z = 2$。栅条间隙 $b = 10\text{mm}$，栅前水深 $h = 0.2\text{m}$，过栅流速 $v = 0.6\text{m/s}$，安装角度 $\alpha = 70°$。

2. 格栅（井）设计计算

（1）栅条间隙数为：

$$n = \frac{Q_{\max}\sqrt{\sin\alpha}}{bhv} = \frac{0.012 \times \sqrt{\sin70°}}{0.01 \times 0.2 \times 0.6} \approx 14 \text{ 条}$$

式中　$Q_{\max}$——最大设计流量，m^3/s；

b——栅条间隙，m；

h——栅前水深，m；

v——污水流经格栅的速度，m/s。

故栅条数目为 $n - 1 = 13$ 个。

（2）栅槽有效宽度为：设计采用宽度为 5mm 的栅条；即 $s = 0.005\text{m}$，则栅槽有效宽度为

$$b = s(n-1) + en = 0.005 \times (13-1) + 0.003 \times 13 = 0.1\text{m}$$

式中　b——栅格宽度，m；

s——栅条宽度，m；

　　e——栅条间隙，m；

　　n——栅条间隙数，个。

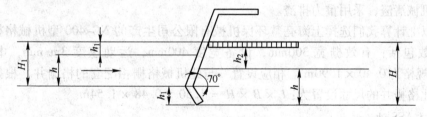

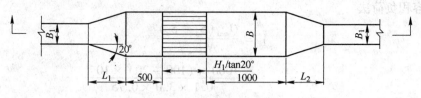

图 7-25　格栅设计尺寸

（3）过栅的水头损失为：设栅条断面为锐边矩形断面，则过栅水头损失为

$$h_2 = \beta\left(\frac{s}{b}\right)^{\frac{4}{3}}\frac{v^2}{2g}k\sin\alpha = 2.42 \times \left(\frac{0.005}{0.01}\right)^{\frac{4}{3}} \times \frac{0.6^2 \times 3 \times \sin70°}{19.6} \approx 0.10\text{m}$$

其中，$\beta = 2.42$。

（4）进水渠道渐宽部分长度为：

$$L_1 = \frac{B - B_1}{2\tan\alpha_1} = \frac{0.210 - 0.150}{2\tan20°} \approx 0.08\text{m}$$

式中　B_1——进水渠道宽，m，本设计取 $B = 0.15$m；

　　　α_1——渐宽部分展开角度，本设计取 $\alpha_1 = 20°$。

（5）格栅槽与出水渠道连接处的渐宽部位的长度：$L_2 = \dfrac{L_1}{2} = \dfrac{0.08}{2} = 0.04$m。

（6）栅前槽总高度：$H_1 = h + h_1 = 0.2 + 0.3 = 0.5$m。

（7）栅后槽的总高度：$h_{总} = h + h_1 + h_2 = 0.2 + 0.3 + 0.1 = 0.6$m，其中 h_1 为格栅前渠道超高，一般取 0.3m。

（8）栅槽总长度：

$$L = L_1 + L_2 + 1.0 + 0.5 + \frac{H_1}{\tan\alpha_1}$$

$$= 0.08 + 0.04 + 1.0 + 0.5 + \frac{0.5}{\tan20°}$$

$$\approx 1.67\text{m}$$

（9）每日栅渣量：设栅渣量为每 1000m³ 污水产渣 0.10m³，即 $W_1 = 0.10$m³/10³ m³ 污水。

$$W = \frac{Q_{\max}W_1 \times 86400}{K_z \times 1000} = \frac{0.01 \times 0.10 \times 86400}{2 \times 1000}$$

$$= 0.052 \mathrm{m}^3/\mathrm{d}$$

拦截污物小于 $0.2\mathrm{m}^3/\mathrm{d}$，可以采用人工清渣，但为了实现自动操作，减少人工操作，还是选用机械清渣，采用重力排渣。

根据以上计算我们选择上海亮慧环保机械有限公司生产的 NG-400 型机械格栅。其基本性能参数包括：有效栅宽 300mm，设备宽度 400mm，运动速度 3m/min，电机功率 0.18kW，规格为 $0.40 \times 1.90\mathrm{m}$。相应设置一与此机械格栅相配套的格栅井，根据查阅相关资料把此格栅井的尺寸设置为：$L \times B \times H = 1.50 \times 0.48 \times 1.54\mathrm{m}$。

（二）CASS 池

1. 容积 V

采用容积负荷法

$$V = \frac{Q_{\max}(S_a - S_e)}{N_e N_w f}$$

$$= \frac{1000 \times (100 - 20) \times 10^{-3}}{0.1 \times 3.0 \times 0.75}$$

$$= 356 \mathrm{m}^3$$

式中　$Q_{\max}$——最大设计排水流量，$1000\mathrm{m}^3/\mathrm{d}$；

　　N_w——混合液 MLSS 浓度，一般取 $2.5 \sim 4.5\mathrm{kg/m}^3$，本设计取 $N_w = 3.0\mathrm{kg/m}^3$；

　　N_e——BOD_5 污泥负荷，一般为 $0.05 \sim 0.2\mathrm{kgBOD}_5/(\mathrm{kgMLVSS \cdot d})$，本设计取 $N_e = 0.10\mathrm{kgBOD}_5/(\mathrm{kgMLVSS \cdot d})$；

S_a, S_e——曝气池进水，出水的 BOD_5 浓度，mg/L；

　　f——混合液中挥发性悬浮固体浓度与总悬浮固体浓度的比值，一般取 $0.7 \sim 0.8$，本设计取为 $f = 0.75$。

若只用一座 CASS 池，池子分两格，单格池子体积为

$$V_1 = \frac{V}{2} = \frac{356}{2} = 178 \mathrm{m}^3$$

2. 最高液位 H

$$H = H_1 + H_2 + H_3$$

$$= 2.4 + 0.4 + 1.2$$

$$= 4.0 \mathrm{m}$$

式中　H——池内最高液位，由三个部分组成，一般取 $3 \sim 5\mathrm{m}$；

　　H_1——池内最高水位和滗水器排放最低水位间的高度，m，本设计取 $H_1 = 2.4\mathrm{m}$；

　　H_2——滗水水位和泥面之间的安全距离，m，本设计取 $H_2 = 0.4\mathrm{m}$；

　　H_3——滗水结束时泥面的高度，m，本设计取 $H_3 = 1.2\mathrm{m}$。

3. 单格 CASS 池的外形尺寸

单个池子的外表面积 $S = \dfrac{V_1}{H} = \dfrac{178}{4} = 44.5 \mathrm{m}^2$

池长 L 一般有 $B:H = 1 \sim 2$，$L:B = 4 \sim 6$，取 $B = 3\mathrm{m}$，则 $L \approx 15\mathrm{m}$

池总高度 $H_0 = H + h_1 + h_2 = 4 + 0.5 + 0.2 = 4.7\mathrm{m}$

式中 h_1 ——超高，m，本设计取 $h_1 = 0.5\text{m}$；

$\quad\quad h_2$ ——布气管高，m，本设计取 $h_2 = 0.2\text{m}$。

则单座 CASS 池的外形尺寸为 $L \times B \times H = 15.0\text{m} \times 3.0\text{m} \times 4.7\text{m}$。CASS 池长度方向分为生物选择区、厌氧区、好氧区，长度比按照 1:5:30 设计，即分别约为 0.4m、2.2m、12.4m。

4. 连通孔口尺寸

CASS 池中间设一道隔离墙，将池体分隔为预反应区和主反应区两部分，靠近水端容积为 CASS 池总容积的 16%~25% 左右的预反应区，为吸附兼厌氧区，另一部分为主反应区，预反应区长度 L_1 按 $L_1 = (0.16 \sim 0.25)L$ 算。

在厌氧区和好氧区的隔墙底部设置连通孔，连通预反应区与主反应区水流，连通孔数的确定见表 7-13。

表 7-13 CASS 池连通孔数

单格池宽 B/m	≤4	6	8	10	12
连通孔个数 n_1	1	2	3	4	5

连通口的面积 A_1 为

$$A_1 = \frac{1}{v}\left(\frac{Q_{\max}}{24 n_1 n v} + BL_1H_1\right)$$

$$= \frac{1}{40} \times \left(\frac{1000}{24 \times 1 \times 1 \times 40} + 3 \times 3.6 \times 2.4\right)$$

$$= 0.68\text{m}$$

式中 $Q_{\max}$ ——最大设计水流量，1000m^3；

$\quad\quad H_1$ ——池内最高水位和滗水器排放最低水位间的高度，m，本设计取 $H_1 = 2.4\text{m}$；

$\quad\quad B$ ——池宽，m；

$\quad\quad L_1$ ——预反应区长度，m，本设计取 $L_1 = 3.6\text{m}$；

$\quad\quad n$ ——CASS 反应池的个数，个，本设计取 $n = 1$；

$\quad\quad n_1$ ——连通孔的个数，个，本设计取 $n_1 = 1$；

$\quad\quad v$ ——孔口流速，一般取 $20 \sim 50\text{m/h}$，本设计取 $v = 40\text{m/h}$。

根据孔口的面积，设计孔口宽度为 0.7m（孔口宽度一般取 $0.4 \sim 0.7\text{m}$），孔口高度为 0.97m（不宜大于 1.0m），连通孔口的个数为 1 个，沿隔墙均布。

5. 需氧量计算

（1）平均需氧量计算 O_2：

$$O_2 = a'\frac{Q_{\max}}{K_Z}S_r + b'VX_v$$

$$= 0.5 \times \frac{1000}{2} \times (100 - 20) \times 10^{-3} + 0.15 \times 356 \times 3.0 \times 0.75$$

$$= 140.15\text{kg/d}$$

$$= 5.84\text{kg/h}$$

式中　Q_{max}——污水流量，m^3/d；

　　　　a'——每代谢1kg BOD所需氧量，kg，本设计取$a' = 0.5$；

　　　　b'——1kg 活性污泥每天自身氧化所需氧量，kg，本设计取$b' = 0.15$；

　　　　V——曝气池容积，m^3；

　　　　K_z——时变化系数，本设计取$K_z = 2.0$；

　　　　X_v——混合液中挥发性悬浮物质（MLVSS）浓度，kg/m^3，本设计取
$$X_v = N_w f = 3.0 \times 0.75 = 2.25 kg/m^3$$

（2）最大需氧量计算O_{2max}：
$$\begin{aligned}
O_{2max} &= a'Q_{max}S_r + b'VX_v \\
&= 0.5 \times 1000 \times (100 - 20) \times 10^{-3} + 0.15 + 356 \times 3.0 \times 0.75 \\
&= 160.15 kg/d \\
&= 6.67 kg/h
\end{aligned}$$

（3）每日去除的BOD_5值：
$$BOD_5 = \frac{1000 \times (100 - 20)}{1000} = 80 kg/d$$

（4）去除每1kgBOD_5的需氧量：
$$\Delta O_2 = \frac{140.15}{80} = 1.75 kgO_2/kgBOD_5$$

（5）最大需氧量与平均需氧量之比：
$$\frac{O_{2max}}{O_2} = \frac{160.15}{140.15} = 1.14$$

6. CASS 池配水槽设计

CASS 池配水井的作用是为了使两池内配水均匀，采用与 CASS 池合建的方式，尺寸为$L \times B \times H = 1.0 \times 1.0 \times 1.0 m$。

7. CASS 池运行时间与水位控制

CASS 池运行周期设计为5h，其中进水1h，曝气2h，沉淀1h，排水1h，取池内最大水深4.5m，换水水深1.6m，存泥水深1.2m，保护水深1.2m，进水开始与结束由水位控制，曝气开始由水位和时间控制，排水结束由水位控制。

8. CASS 池排水口高度

为了保证每次换水水量及时排除以及排水装置运行需要，将排水口设在最低水位以下0.3m，最高水位以下1.3m处。

9. 活性污泥相关计算

（1）产泥量（以 VSS 计）P_X：
$$\begin{aligned}
P_X &= YQ_{max}(S_a\eta - S_e) - K_d VX_v \\
&= 0.65 \times 1000 \times 10^{-3} \times (100 - 20) - 0.05 \times 376 \times 3.0 \times 0.75 \\
&= 16.75 kgVSS/d
\end{aligned}$$

式中　Y——产率系数，一般为$0.5 \sim 0.65$，本设计取$Y = 0.65 kgVSS/kgBOD_5$；

　　　K_d——污泥自身氧化率，本设计取$K_d = 0.05$；

Q_{max}——设计流量，m^3/d；

S_a，S_e——污水入流和出流的 BOD_5，kg/m^3；

η——BOD_5 在经过格栅后，进入 CASS 池前设为 100mg/L；

V——曝气池容积，m^3；

X_v——曝气池中的平均 VSS 浓度，kg/m^3，本设计取 $X_v = N_w f$；

N_w——混合液 MLSS 浓度，kg/m^3；本设计取 $N_w = 3.0kg/m^3$；

f——混合液挥发性悬浮固体浓度与总悬浮固体浓度的比值。

（2）日排泥量（以体积算）Q_{SS}：

$$Q_{SS} = \frac{100P_X}{\rho(1-P)f} = \frac{100 \times 16.75}{1000 \times (100-99) \times 0.75} \approx 2.23m^3/d$$

式中　ρ——污泥密度，kg/m^3，本设计取 $\rho = 1000kg/m^3$；

P——污泥含水率，%，本设计取 $P = 99\%$；

f——混合液挥发性悬浮固体浓度与总悬浮固体浓度的比值，本设计取 $f = 0.75$。

（3）回流污泥比：

$$rQ_{max}\rho_{Sr} = (Q_{max} + rQ_{max})\rho_{Sa}Q$$

$$r = \frac{1}{\rho_{Sr} - \rho_{Sa}} = \frac{1}{5-3} = 0.5$$

式中　ρ_{Sr}——污泥浓度，kg/m^3，本设计取 $\rho_{Sr} = 5kg/m^3$；

ρ_{Sa}——污泥浓度，kg/m^3，本设计取 $\rho_{Sa} = 3kg/m^3$。

（4）污泥回流泵：选择两台 RCP 型污泥回流泵，一用一备，其性能如表 7-14 所示。

表 7-14　RCP 型污泥回流泵

型　号	回流量/$m^3 \cdot s^{-1}$	出口直径/mm	功率/kW	电机转速/$r \cdot min^{-1}$	电流/A	电压/V	扬程/m	重量/m
300RCP-2.2	0.05~0.27	300	2.2	730	5.9	380	4	120

（5）剩余污泥泵：选择两台 50QW18-15-1.5 型潜水排污泵，其性能参数见表 7-15。

表 7-15　QW 型潜水排污泵性能

型　号	流量/$m^3 \cdot h^{-1}$	扬程/m	转速/$r \cdot min^{-1}$	电机功率/kW	效率/%	出口直径/mm
50QW18-15-1.5	18	15	2840	1.5	62.8	50

污泥泵房尺寸：$L \times B \times H = 8.0 \times 6.0 \times 6.0m$，半地下式钢筋混凝土结构。

（三）清水池

（1）清水池有效容积 V：$V = Q_{max}\frac{HRT}{24} = 1000 \times \frac{5}{24} = 208m^3$。

（2）池体的表面积 A：$A = \frac{V}{h} = \frac{208}{4} = 52m^2$。式中，$h$ 为清水池有效水深，m，本设计取 $h = 4.0m$。

（3）池子边长 a：采用正方形池，则池子边长 $a = \sqrt{\frac{A}{2}} = \sqrt{\frac{52}{2}} = 5.1m$。

（4）清水池总高 H：$H = h + h_1 = 4 + 0.5 = 4.5 m$。式中，$h_1$ 为保护高度，m，本设计取 $h_1 = 0.5 m$。

则清水池设计尺寸为 $L \times B \times H = 5.1 m \times 5.1 m \times 4.5 m$。

（四）二氧化氯发生装置

1. 二氧化氯投加量

$$Q = a \frac{Q_{\max}}{24} = 25 \times \frac{1000}{24} = 1042 g/h$$

式中　a——投加量，医院污水为 $25 \sim 30 mg/L$，本设计取经验值 $a = 25 mg/L$。

2. 二氧化氯发生装置选型

选用南京华源水处理设备厂生产的 HYFC1-600 型全自动微电脑式二氧化氯发生器 3 台，两用一备，其性能见表 7-16。

表 7-16　HYFC1-600 型二氧化氯发生器性能参数表

| 型 号 | 有效氯产量 /g·h⁻¹ | 装机容量/kW | 动力水 | | 设备重量/kg | 设备尺寸 /mm × mm × mm |
			管径/mm	压力/MPa		
HYFC1-600	600	0.50	25	≥0.25	120	600 ×480 ×1400

HYFC1-600 型全自动微电脑式二氧化氯发生器是化学法二氧化氯发生器的一类，其制备二氧化氯的方程式为 $NaClO_3 + 2HCl = NaCl + ClO_2 + 1/2Cl_2 + H_2O$。

3. 原料储存器

该项目用化学法二氧化氯发生器制备二氧化氯，其原理为氯酸钠 + 盐酸法（全盐酸法或开斯汀法）。

反应方程式：　　　　　$NaClO_3 + 2HCl = NaCl + ClO_2 + 1/2Cl_2 + H_2O$

副反应为：　　　　　$2NaClO_3 + 6HCl = 3Cl_2 + 2NaCl + 3H_2O$

通过理论计算可知：　　　$NaClO_3 + 2HCl = NaCl + ClO_2 + 1/2Cl_2 + H_2O$

　　　$106.5/1.56 + 74/1.1 = 58.5/0.87 + 67.5/1 + 35.5/0.53 + 18/0.27$

产生 1t 二氧化氯需用 1.56t 氯酸钠、1.1t 氯化氢，同时产生 0.53t 氯气、0.87tNaCl 和 0.27t 水。

换算成氯酸钠溶液（1t 氯酸钠固体配 2t 水），比重为 $1260 kg/m^3$，（20℃）体积为 $3.67 m^3$。氯化氢换算成盐酸（31%），比重为 $1160 kg/m^3$，（20℃）体积为 $3.45 m^3$。

每小时需投加的二氧化氯量为 1.024kg，则一天需要投加的二氧化氯量大概为 25kg，也即需要各 $0.090 m^3$ 和 $0.080 m^3$ 的氯酸钠和盐酸。由于氯酸钠是强氧化剂很不易保存，建议在一周内就用完，假设 5 ~ 6 天换药一次，则相应的氯酸钠储存罐的体积约为 500L。盐酸相应比较容易保存，我们假设一个月换药一次，则相应的盐酸储存罐体积为 2000L。

根据一般经验，溶解池的容积约为储存罐容积的 $1/3 \sim 1/2$，我们假设为 $1/2$，则由储存罐的容积我们可知氯酸钠化料池的容积为 250L。

综上可知需要盐酸储存罐，氯化钠储存罐，氯化钠化料器各一座，其容积分别为 2500L、500L、250L。

（五）接触消毒池

（1）消毒池容积 V：$V = Q_{\max}T = 1000 \times \dfrac{1.2}{24} = 50\text{m}^3$。其中，$T$ 为消毒时间，h，本设计取 $T = 1.2\text{h}$。

（2）消毒池面积 A：$A = \dfrac{V}{H} = \dfrac{50}{2.5} = 20\text{m}^2$。其中，$H$ 为消毒池深度，m，本设计取 $H = 2.5\text{m}$。

（3）消毒池池长 L：$L = \dfrac{A}{B} = \dfrac{20}{4} = 5\text{m}$。其中，$B$ 为消毒池宽度，m，本设计取 $B = 4\text{m}$。

（4）消毒池总高：$H_{总} = H + h = 2.5 + 0.3 = 2.8\text{m}$。其中，$h$ 为超高，m，本设计取 $h = 0.3\text{m}$。

则消毒池的设计尺寸大小 $L \times B \times H_{总} = 5\text{m} \times 4\text{m} \times 2.8\text{m}$。

（六）污泥（重力）浓缩池

1. 设计参数

设计流量：$Q_\text{W} = 2.23\text{m}^3/\text{d}$

污泥含水率：$P_1 = 99\%$

污泥浓度：$C = 5\text{kg/m}^3$

浓缩后含水率：$P_2 = 96\%$

浓缩停留时间：$T = 15\text{h}$

污泥固体通量 M：一般取 $15 \sim 35\text{kg/}(\text{m}^2 \cdot \text{d})$，现取为 $M = 15\text{kg/}(\text{m}^2 \cdot \text{d})$

2. 设计计算

（1）池总面积 A：

$$A = \frac{Q_\text{W}C}{M} = \frac{2.23 \times 5}{15} \approx 0.74\text{m}^2$$

式中　C——污泥浓度，kg/m^3，本设计取 $C = 5\text{kg/m}^3$；

　　　M——污泥固体通量，本设计取 $M = 15\text{kg/}(\text{m}^2 \cdot \text{d})$。

（2）直径 D：

$$D = \sqrt{\frac{4A}{\pi}} = \sqrt{\frac{4 \times 0.74}{3.14}} = 0.94\text{m}$$

（3）工作高度 h_1：

$$h_1 = \frac{TQ_\text{W}}{24A} = \frac{15 \times 2.23}{24 \times 0.94} = 1.48\text{m}$$

式中　T——污泥在浓缩池的停留时间，h，本设计取 $T = 15\text{h}$。

（4）总高度 H：

$$H = h_1 + h_2 + h_3 = 1.48 + 0.3 + 0.3 = 2.06\text{m}$$

式中　h_2——超高，m，本设计取 $h_2 = 0.3\text{m}$；

　　　h_3——缓冲层高度，m，本设计取 $h_3 = 0.3\text{m}$。

（5）浓缩后污泥体积 V：

$$V = \frac{Q_w(1 - P_1)}{1 - P_2} = \frac{2.23 \times (1 - 0.99)}{1 - 0.96} \approx 0.56 \text{m}^3$$

式中　P_1——污泥浓缩前的含水率,%，本设计取 $P_1 = 99\%$；

　　　P_2——污泥浓缩后的含水率,%，本设计取 $P_2 = 96\%$。

（6）浓缩后污泥高度 h_4：

$$h_4 = \frac{V}{A} = \frac{0.56}{0.74} \approx 0.76 \text{m}$$

（七）污泥调理加药设备

1. 溶液池容积 W_1

$$W_1 = \frac{uQ_{max}}{417bn} = \frac{51.4 \times 1000}{417 \times 15 \times 2} = 4.11 \text{m}^3$$

式中　Q_{max}——最大设计流量，m^3/d；

　　　u——PAM 高分子凝聚剂的最大投加量，mg/L，本设计取 $u = 51.4 \text{mg/L}$；

　　　b——溶液浓度,%，本设计取 $b = 15\%$；

　　　n——每日配制次数，一般宜超过 3 次，本设计 $n = 2$。

溶液池不分格，有效容积为 4.11m^3，有效高度为 1.0m，超高 0.5m，实际尺寸为 $2.03 \text{m} \times 2.03 \text{m} \times 1.5 \text{m}$，置于室内地面上。

2. 溶解池的容积 W_2

$$W_2 = (0.2 \sim 0.3)W_1 \approx 1 \text{m}^3$$

溶解池为一格，有效高度取 1.0m，超高 0.4m，设计尺寸为 $1 \text{m} \times 1 \text{m} \times 1.4 \text{m}$，池底坡度采用 2.5%。溶解池搅拌设备采用中心固定式平桨板式搅拌机，桨直径为 750mm，桨板深度 1400mm，质量 200kg，溶解池置于地下，池顶高出室内地面 0.5m。溶解池和溶液池材料都采用钢筋混凝土，内壁衬以聚乙烯板。

3. 计量设备

计量设备为两台 J5 系列柱塞计量泵（一用一备），流量：$Q = 8 \sim 1600 \text{L/h}$，排出压力：$P = 0.2 \sim 50 \text{MPa}$，计量精度：$E \leqslant \pm 1\%$，混凝剂的投加量取经验数据 $1 \text{m}^3/1000 \text{m}^3$ 污水。

（八）污泥脱水设备

1. 设计计算

（1）每天产生的滤液量 Q：

$$Q = 2.33 \times 96\% - \frac{2.33 \times (1 - 96\%)}{25\%} \times 75\% = 1.97 \text{m}^3/\text{d}$$

（2）滤液槽有效容积 V：

$$V = \frac{Q}{24}T = \frac{1.97}{24} \times 24 \approx 2 \text{m}^3$$

式中　Q——滤液流量，m^3/d，本设计取 $Q = 1.5 \text{m}^3/\text{d}$；

　　　T——停留时间，h，本设计取 $T = 24 \text{h}$。

（3）滤液槽表面积 A：

$$A = \frac{V}{h} = \frac{2}{2} = 1\,\text{m}^2$$

式中　h——滤液槽有效水深，m，本设计取 $h = 2.0$m。

（4）滤液槽采用圆形槽，则直径 D：

$$D = \sqrt{\frac{4A}{\pi}} = \sqrt{\frac{4 \times 1}{3.14}} \approx 1.13\,\text{m}$$

（5）槽总高 H：

$$H = h + h_1 = 2.0 + 0.3 = 2.3\,\text{m}$$

式中　h_1——保护高度，m，本设计取 $h_1 = 0.3$m。

相应的污泥脱水间的设计尺寸为 $L \times B \times H = 6.0\text{m} \times 4.0\text{m} \times 4.0\text{m}$。

2. 设计说明

（1）滤液泵：滤液流量 $Q \approx 2\text{m}^3/\text{d}$，根据设计手册中 IS 型单级单吸悬臂式离心泵性能表查得应选用一台 IS50-32-125 型泵，扬程 $H = 5.4$m，功率 $N = 0.68$kW，则滤液贮槽的规格 $1.13\text{m} \times 2.3\text{m}$，材质为碳钢。

（2）压滤机选择：板框压滤机是间歇操作的过滤设备，其特点是构造简单，价格便宜。当分离难于过滤的滤渣，质量要求较高的物质时，使用板框压滤机是合理的。

（3）设计计算：

过滤面积

$$A = 1000(1 - W)\frac{Q_{污}}{V}$$
$$= 1000 \times (1 - 98\%) \times 10/6$$
$$= 33.3\,\text{m}^2$$

设备选型：$X_M^A J20/630\text{-}30U$ 板框压滤机两台

过滤面积：20m^2

滤饼厚度：30mm

滤室容积：298L

脱水间设计尺寸：$L \times B \times H = 6.0\text{m} \times 4.0\text{m} \times 4.0\text{m}$

四、经济损益分析

本设计方案概算投资 = 土建工程费用 + 设备投资 + 其他投资，则概算投资 = 45.48 + 40.90 + 13.09 = 99.52 万元，工程建设后还具有间接经济效益，主要是通过减少污水污染对社会造成的经济损失而表现出来的。如废水达标排放，保证了水体质量，从而保证农、牧、渔业的正常生产；对河流、湖泊没有污染，即可节省大量治理费用。综上所述，本工程建成后所带来的经济效益非常可观。单位处理成本为 995.2 元/立方米。

参 考 文 献

[1] 朱岩. 着力打造皮化产业, 引领皮革行业可持续发展 [J]. 西部皮革, 2011, 33 (14): 11~13.

[2] 徐永. 中国皮革工业"二次创业"发展战略 (中国皮革工业协会扩大会文件汇编). 1997.

[3] 王泽锋, 王春, 王谦谦. 制革废水治理工艺的研究进展 [J]. 辽宁化工, 2011, 40 (4): 357~359.

[4] 北京市环境保护科学研究院. 三废处理工程技术手册 [M]. 北京: 化学工业出版社, 2000.

[5] 刘鹏杰. 决策者声音——为皮革行业可持续发展献计献策 [J]. 中国皮革, 2007, 1: 61~62.

[6] 成都科技大学, 西北轻工学院. 制革化学及工艺学 [M]. 北京: 轻工业出版社, 1996.

[7] 丁绍兰. 中国制革污水、污泥处理的现状分析 [J]. 中国皮革, 1998, 18, 5.

[8] 中国皮革研究所. 猪皮污染工艺废水综合治理 ("七五"重点科技攻关项目) [J]. 中国皮革, 1991, 20 (4): 5~6.

[9] 马莉, 张新申. 制革工业综合废水生物处理的研究进展 [J]. 皮革科学与工程, 2006, 16 (2): 65~71.

[10] 米·阿洛奥. 制革工业与污染 [M]. 储家瑞等译, 北京: 轻工业出版社, 1985.

[11] 彭必雨, 侯爱军. 皮革制造中的环境和生态问题及制革清洁生产技术 [J]. 西部皮革, 2009, 31 (1): 36~43.

[12] M. Alog. 无污染制革工艺推广应用前景和问题 [J]. 王永昌译, 中国皮革. 1998, 32 (8): 18~21.

[13] 于义. 保护环境, 猪皮酶法脱毛工艺应用再振雄威 [D]. 第四届亚洲国际皮革科学技术论文集. 1998: 233.

[14] 丁绍兰. 常规毁毛法浸灰脱毛废液循环使用的研究 [J]. 中国皮革, 1997, 14 (4): 14~19.

[15] 王军. 制革厂铬鞣废液直接循环利用及生产实用技术研究 [J]. 中国皮革, 1997, 20 (4): 20~21.

[16] 刘必恬, 谢时伟. 制革厂的清洁生产技术——废铬鞣液再生利用 [J]. 环境污染与防治, 1996, 29 (2): 24~26.

[17] 段镇基. 防铬污染助鞣剂及其应用工艺研究 [J]. 中国皮革, 1993, 22 (4): 23.

[18] 于开起, 程宝箴. 清洁化制革技术的新视角 [J]. 西部皮革, 2009, 31 (3): 19~25.

[19] 王全杰, 王延青, 胡斌. 制革工业清洁化生产的研究进展 [J]. 皮革科学与工程, 2009, 19 (5): 45~48.

[20] 覃伟, 李国英. 环保胶粘剂研究进展及制革废渣资源化利用展望 [J]. 皮革与化工, 2011, 28 (4): 21~25.

[21] 魏善明, 王成斌, 蔡杰. 清洁生产在制革工业中的应用 [J]. 现代农业科技, 2009 (17): 272~273.

[22] 丁绍兰, 秦宁. 皮革废水治理技术研究进展 [J]. 西部皮革, 2009, 31 (19): 25~29.

[23] 余梅, 马兴元, 韦良焕. 制革综合废水生物处理的关键工艺与设备开发进展 [J]. 西部皮革, 2010, 32 (9): 29~34.

[24] 吴彩霞, 制革废水污染防治措施及其有效性分析 [J]. 中国环保产业, 2006, 7: 34~37.

[25] 闫东峰, 孙根行, 郭留元. 皮革废水处理工程设计 [J]. 中国皮革, 2011, 40 (5): 4~6.

[26] 王国华, 任鹤云. 工业废水处理工程设计与实例 [M]. 北京: 化学工业出版社, 2005.

[27] 杨岳平. 废水处理工程及实例分析 (高等学校环境类教材) [M]. 北京: 化学工业出版社, 2003.

[28] 张学洪. 工业废水处理工程实例 [M]. 北京: 冶金工业出版社, 2009.

[29] 刘红. 水处理工程设计 [M]. 北京: 中国环境科学出版社, 2003.

[30] 阮文权. 废水生物处理工程设计实例详解 [M]. 北京: 化学工业出版社, 2006.

[31] 潘涛, 李安峰, 杜兵. 环境工程技术手册——废水污染控制技术手册 [M]. 北京: 化学工业出版

社，2013.

[32] 彭如清. 2007 年 10 种有色金属产量逾 2360 万吨 [J]. 中国钼业，2008 (3).

[33] 丁淑云. 有色金属工业废水处理 [M]. 北京：中国环境科学出版社，1991.

[34] 北京矿冶研究总院环保研究室. 对有色金属工业主要产品产污和排污系数的研究 [J]. 北京：矿冶研究总院，1994.

[35] 国家环境保护总局规划与财务司，中国环境监测总站. 中国环境统计公报2001，2002.

[36] 於方，过孝民，张强. 中国有色金属工业废水污染特征分析 [J]. 有色金属，2003 (3).

[37] R. E. 威廉斯. 采矿、选矿、冶金工业废物的产生和处理 [M]. 北京：冶金工业出版社，1985.

[38] 杨晓松，吴义千，宋文涛. 有色金属矿山酸性废水处理技术及其比较优化 [J]. 湖南有色金属，2005，21 (5)：24～26.

[39] 中国矿业协会选矿委员会，等. 第三届矿冶环保学术会议论文集，1992.

[40] 梁刚. 有色金属矿山废水的危害及治理技术 [J]. 金属矿山，2009 (12)：158～161.

[41] 杨高英. 有色金属矿山废水管理研究 [J]. 中国矿业，2010，19 (12)：39～41.

[42] 罗仙平，谢明辉. 金属矿山选矿废水净化与资源化利用现状与研究发展方向 [J]. 中国矿业，2006，15 (10)：51～56.

[43] 喻平，梅占峰. 桐柏银矿选矿废水处理的研究与应用 [J]. 湖南有色金属，2010 (5).

[44] 邰阳，杨耀，王永平，等. 浅析有色金属浮选尾矿排放工艺与选矿生产用水重复利用率的关系 [J]. 内蒙古气象，2010 (3)：20～22.

[45] 北京市环境保护科学研究院. 三废处理工程技术手册 [M]. 北京：化学工业出版社，2000.

[46] 杨利均. 浅析有色金属行业中的清洁生产 [J]. 四川有色金属，2006 (1).

[47] 李雅婕. 浅议铅锌冶炼废水处理技术 [J]. 市政技术，2011 (5).

[48] 陈后兴，罗仙平，刘立良. 含氟废水处理研究进展 [J]. 四川有色金属，2006 (1).

[49] 陈寒秋. 电絮凝技术在锌冶炼废水处理中的应用 [J]. 硫酸工业，2010 (3)：25～28.

[50] 卢宇飞，何艳明. 有色湿法冶金工艺废水的最佳节能治理技术研究 [J]. 云南冶金，2001，39 (1)：78～81.

[51] 李瑛. 重金属工业废水处理与回用的理论与实践 [J]. 湖南有色金属，2003 (2).

[52] 李永升. 电解铝厂生产废水的处理及回收利用 [J]. 贵州工业大学学报，2003，32 (5)：20～23.

[53] 崔志，何为庆. 工业废水处理. 第 2 版 [M]. 北京：冶金工业出版社，1999.

[54] 袁惠民. 含油废水处理方法 [J]. 化工环保，1998，18 (3)：146～149.

[55] 曲永杰，张秋玲. 乳化液含油废水处理技术 [J]. 环境保护与循环经济，2008 (3).

[56] 汪应洛，刘旭. 清洁生产 [M]. 北京：机械工业出版社，1998.

[57] 孙莉英，杨昌柱. 含油废水处理技术进展 [J]. 华中科技大学学报，2002 (3).

[58] 机械工程手册电机工程手册编辑委员会. 机械工程手册. 专用机械 [M]. 北京：机械工业出版社，1997.

[59] 田禹，范丽娜. 盐析法处理高浓含油乳化液及其反应机制 [J]. 中国给水排水，2004 (4).

[60] 北京市环境保护科学研究所. 水污染防治手册 [M]. 上海：上海科技出版社，1989.

[61] 机械工业环境保护实用手册编写组. 机械工业环境保护实用手册 [M]. 北京：机械工业出版社，1993.

[62] 王洪奎. 推行清洁生产促进电镀企业创新发展 [J]. 电镀与精饰，2009 (6).

[63] 魏子栋. 常压蒸发在电镀中的应用 [J]. 电镀与精饰，1998，20 (4)：31～33.

[64] 邢文长. 中国电镀与清洁生产前沿技术 [J]. 电镀与精饰，2006，28 (4)：32～37.

[65] 电镀废水设计规范（GBJ 136—90）.

[66] 袁诗璞. 浅谈化学法处理含六价铬电镀废水 [J]. 电镀与环保，2011，31 (2)：40～41.

[67] 牟秀波，李双波. 电镀含铬废水治理技术的现状及展望 [J]. 科技经济市场，2010（10）：6~8.

[68] 刘俊. 化学法处理含铬含锌废水 [J]. 电镀与精饰，1998. 20（5）：37.

[69] 杨殉，周青龄. 电镀含氰废水处理实用工艺技术现状及展望 [J]. 能源研究与管理，2011（1）：17~20，52.

[70] 颜海波，孙兴富. 臭氧技术处理电镀含氰废水的应用 [J]. 中国科技信息，2005（21）.

[71] 刘艳艳，彭昌盛，王震宇. 电解电渗析联合处理含铜废水 [J]. 电镀与精饰，2009，31（4）：34~39.

[72] 茆亮凯，张林生. 电镀含锌废水的纳滤-反渗透处理回用研究 [J]. 水处理技术，2011，37（3）：105~107，111.

[73] 刘书敏. 电沉积法从含金废液中回收金的试验研究 [D]. 广州：广东工业大学，2008.

[74] 杨志泉. 刘国林，周少奇. 电镀废水处理工程应用 [J]. 工业水处理，2010，30（7）.

[75] 张学洪，王敦球，等. 电镀污泥处理技术进展 [J]. 桂林工学院学报，2004（4）.

[76] 陈永松，周少奇. 电镀污泥处理技术的研究进展 [J]. 化工环保，2007，27（2）：144~148.

[77] 刘新斌. 用一步净化器处理电镀废水 [J]. 环境工程，2007（3）.

[78] 北京市环境保护科学研究院，三废处理工程技术手册 [M]. 北京：化学工业出版社，2000.

[79] 郭薇. 制药业：化学需氧量、氨氮排放量大，污染物成分复杂，如何面对减排大考 [J]. 中国环境报，2011（1）.

[80] 黄丁毅. 制药企业应对环保新标准的探讨 [J]. 中国药事，2010，24（3）：230~234.

[81] 中商情报网公司. 2009~2012年中国工业废水处理行业调研及发展预测报告 [R]. 深圳：中商情报网公司，2011.

[82] 毛忠贵. 生物工业下游技术 [M]. 北京：中国轻工业出版社，1999.

[83] 李艳. 发酵工业概论 [M]. 北京：中国轻工业出版社，1999.

[84] 张自杰. 环境工程手册 [M]. 北京：高等教育出版社，1996.

[85] 王海昕，肖月华，徐传进，等. 生物制药废水预处理试验研究 [J]. 齐鲁药事，2005，24（8）：500~501.

[86] 于振国. 制药废水特性及其处理方法的研究进展 [J]. 广东化工，2010，37（6）：230~232.

[87] 胡思贤，许江涛，刘国华. 抗生素生产废水处理技术 [J]. 河南科技，2008（10）：68~69.

[88] 黄胜炎. 医药工业废水处理现状与发展 [J]. 医药工程设计，2005，26（3）：41~50.

[89] 钱易，郝吉明. 环境科学与工程进展 [M]. 北京：清华大学出版社，1998.

[90] 隋军. 制药废水治理技术. 中国水污染防治技术装备论文集 [C]. 北京：1998，4.

[91] 黄万抚，周荣忠，廖志民. 发酵类制药废水处理工程的改造 [J]. 工业水处理，2010，30（3）：82~83.

[92] 牛娜. 买文宁，沈晓华. IC-SBR工艺处理维生素制药废水 [J]. 水处理技术，2010，36（8）：133~135.

[93] 金卫兵，王磊，任玲娟. 水解酸化-SBR工艺处理中小型企业中药废水 [J]. 河南机电高等专科学校学报，2011，19（3）：33~34.